计算机基础
实训指导与练习

主　编　汪　海　杨志峰
副主编　潘　玥　李雅琴　何万峰
　　　　孔乐迪　徐晓峰

U0250082

WUHAN UNIVERSITY PRESS
武汉大学出版社

图书在版编目(CIP)数据

计算机基础实训指导与练习/汪海,杨志峰主编.—武汉:武汉大学出版社,2019.9(2020.1 重印)
ISBN 978-7-307-21056-1

Ⅰ.计…　Ⅱ.①汪…　②杨…　Ⅲ.电子计算机—高等学校—教学参考资料　Ⅳ.TP3

中国版本图书馆 CIP 数据核字(2019)第 152169 号

责任编辑:黄　殊　　责任校对:汪欣怡　　版式设计:马　佳

出版发行:**武汉大学出版社**　　(430072　武昌　珞珈山)
(电子邮箱:cbs22@whu.edu.cn 网址:www.wdp.com.cn)
印刷:湖北省荆州市今印印务有限公司
开本:787×1092　1/16　印张:13　字数:308 千字　插页:1
版次:2019 年 9 月第 1 版　　2020 年 1 月第 3 次印刷
ISBN 978-7-307-21056-1　　定价:39.00 元

前　　言

目前，随着信息技术的飞速发展，计算机技术应用正在改变着人们的生活、工作和学习。信息时代要求每个人必须具备一定的计算机操作技能，计算机应用基础是人们学习和掌握计算机技术的入门本领。为了适应教学改革的需要，进一步推动我国高等学校计算机基础教育事业的发展，加强对学生计算机知识、能力与素养方面的教育，使学生具备相应的计算机基本操作技能与基本信息素养，更好地使学生理解、掌握相应的知识点和提高操作应用能力，作者编写了《计算机基础实训指导与练习》一书。

本书分为 6 个章节：计算机基础知识，Windows 7 操作系统、Word2010 办公文档处理、Excel2010 办公电子报表处理、PowerPoint2010 办公演示文稿处理与计算机网络基础。每章包括章节实训指导和练习题两部分。

本书组织结构合理、内容新颖、实践性强，既注重基础理论又突出实用性。在练习题部分，通过不同形式的练习题来帮助学生更好地掌握书中相关的知识点，同时在本书的最后附有相应的答案，让学生能自我检验对相关知识点的掌握情况。在实训指导部分，每个实训都提出了相应的目的和要求，提供了操作步骤和操作方法，突出重点和难点，重视培养学生的计算机应用能力和基本操作能力，以达到学以致用的目的。

本书是学习计算机应用基础、掌握计算机基本操作的好帮手，不仅可供高等院校计算机基础通识课使用，也可作为学习计算机基本操作的在校学生及广大工程技术人员自学、自练的辅导教材。

由于作者水平有限，书中难免有错误和不足之处，恳请读者批评指正。

目　录

第一章　计算机基础知识

Part I　实训指导

任务一　计算机系统组装

1.1　实验目的

1. 掌握识别计算机部件的方法，并能在一定的条件下判断计算机部件的好坏与优劣。
2. 掌握计算机硬件安装基本方法与步骤，锻炼动手能力。
3. 熟练掌握 BIOS、硬盘分区及格式化相关知识。

1.2　预备知识

计算机由运算器、控制器、存储器、输入设备和输出设备五个逻辑部件组成。

从外观上来看，微机由主机箱和外部设备组成。主机箱内主要包括 CPU、内存、主板、硬盘驱动器、光盘驱动器、各种扩展卡、连接线、电源等；外部设备包括鼠标、键盘、显示器、音箱等，这些设备通过接口和连接线与主机相连。

主板，又叫主机板(Mainboard)、系统板(System board)或母板(Motherboard)，它安装在机箱内，是计算机最基本的，也是最重要的部件之一。主板一般为矩形电路板，上面安装了组成计算机的主要电路系统，一般有 BIOS 芯片、I/O 控制芯片、键盘和面板控制开关接口、指示灯插接件、扩充插槽、主板及插卡的直流电源供电接插件等元件。主板的另一特点是采用了开放式结构。主板上大多有 6~8 个扩展插槽，供计算机外围设备的控制卡(适配器)插接。通过更换这些插卡，可以对计算机的相应子系统进行局部升级，使厂家和用户在配置机型方面有更大的灵活性。总之，主板在整个计算机系统中扮演着举足轻重的角色。可以说，主板的性能影响着整个计算机系统的性能。

下面对计算机各硬件部分作一下简单介绍：

(1)线路板。印制电路板(PCB 线路板)是所有电脑板卡所不可或缺的部件。它实际上是由几层树脂材料黏合在一起的，内部采用铜箔走线。一般的 PCB 线路板分有四层，最上和最下的两层是信号层，中间两层是接地层和电源层，将接地层和电源层放在中间，这样便可方便地对信号线做出修正。而一些要求较高的主板的线路板可达到 6~8 层或更多。就像种粮食庄稼的土地一样，线路板是主板的各种零件扎根并且运行的地方。

(2)芯片组。把以前复杂的电路和元件最大限度地集成在多颗芯片内就组成了芯片组。如果说中央处理器(CPU)是整个电脑系统的心脏,那么芯片组将是整个电脑系统的躯干。对于主板而言,芯片组几乎决定了这块主板的功能,进而影响到整个电脑系统性能的发挥,芯片组是主板的灵魂。

芯片组分为北桥芯片和南桥芯片。北桥芯片一般提供对 CPU 的类型和主频、内存的类型和最大容量、ISA/PCI/AGP 插槽、ECC 纠错等的支持,通常在主板上靠近 CPU 插槽的位置;南桥芯片主要用来与 I/O 设备及 ISA 设备相连,并负责管理中断及 DMA 通道,在靠近 PCI 插槽的位置。

北桥与南桥是主板上芯片组中最重要的两块。它们都是总线控制芯片,相对来讲,北桥要比南桥更加重要,因为北桥连接系统总线,担负着 CPU 访问内存的重任,同时连接着 AGP 接口,控制 PCI 总线,割断了系统总线和局部总线,在这一段上速度是最快的。南桥不和 CPU 连接,通常用来作 I/O 和 IDE 设备的控制,所以速度比较慢。

(3)CPU 与 CPU 插座。CPU 插座就是主板上安装处理器(CPU)的地方,上面还有散热片。

CPU 一般由逻辑运算单元、控制单元和存储单元组成。在逻辑运算和控制单元中包括一些寄存器,这些寄存器用于 CPU 在处理数据的过程中数据的暂时保存,它是由控制器和运算器两部分组成。

多核心,也指单芯片多处理器(Chip multiprocessors,CMP)。CMP 最初是由美国斯坦福大学提出的,其思想是将大规模并行处理器中的 SMP(对称多处理器)集成到同一芯片内,各个处理器并行来执行不同的进程。

(4)内存插槽。内存插槽是主板上用来安装内存的地方。目前常见的内存插槽为 SDRAM 内存、DDR 内存插槽,其主要外观区别在于 SDRAM 内存金手指上有两个缺口,而 DDRAM 内存只有一个。

内存是供应用程序工作的地方,用于长期储存的地方才是硬盘。打个比方来说,内存是演兵场,硬盘是兵器仓库。通常所说的内存即指电脑系统中的 RAM。RAM 就像教室里的黑板,上课时老师不断地往黑板上写东西,下课以后则全部擦除。RAM 要求每时每刻都不断地供电,否则数据会丢失。

内存在计算机中的作用很大,电脑中所有运行的程序都需要经过内存来执行,如果执行的程序很大或很多,可能会导致内存消耗殆尽。为了解决这个问题,Windows 中运用了虚拟内存技术,即拿出一部分硬盘空间来充当内存使用,当内存占用完时,电脑就会自动调用硬盘空间来充当内存,以缓解内存的紧张。举个例子来说,如果电脑只有 128MB 物理内存,当读取一个容量为 200MB 的文件时,就必须要用到比较大的虚拟内存,文件被内存读取之后就会先储存到虚拟内存,等待内存把文件全部储存到虚拟内存之后,接着就会把虚拟内存里储存的文件释放到原来的安装目录里。

(5)PCI 插槽。PCI 总线插槽是由 Intel 公司推出的一种局部总线。它定义了 32 位数据总线,且可扩展为 64 位。它为显卡、声卡、网卡、电视卡、MODEM 等设备提供了连接接口。

PCI 插槽是基于 PCI 局部总线(周边元件扩展接口)的扩展插槽,其颜色一般为乳白色,位于主板上 AGP 插槽的下方,ISA 插槽的上方。其位宽为 32 位或 64 位,工作频率为

33MHz，最大数据传输率为133MB/s（32位）和266MB/s（64位），可插接显卡、声卡、网卡、内置Modem、内置ADSL Modem、USB2.0卡、IEEE1394卡、IDE接口卡、RAID卡、电视卡、视频采集卡以及其他种类繁多的扩展卡。PCI插槽是主板的主要扩展插槽，通过插接不同的扩展卡可以获得目前电脑能实现的几乎所有功能，是名副其实的"万用"扩展插槽。

（6）ATA接口。ATA接口是用来连接硬盘和光驱等设备的，也就是主板上连接数据线的接口。

（7）电源插口及主板供电部分。电源插座主要有AT电源插座（和光驱、硬盘一样规格的电源插座）和ATX电源插座（不常见）两种，有的主板上同时具备这两种插座。在电源插座附近一般还有主板的供电及稳压电路。

（8）BIOS及电池。BIOS即基本输入输出系统，是一块装入了启动和自检程序的EPROM或EEPROM集成块。实际上它是被固化在计算机ROM（只读存储器）芯片上的一组程序，为计算机提供最低级的、最直接的硬件控制与支持。除此之外，在BIOS芯片附近一般还有一块电池组件，它为BIOS提供了启动时需要的电流。主板上的ROM BIOS芯片是主板上唯一贴有标签的芯片，一般为双排直插式封装（DIP），上面印有"BIOS"字样，另外还有许多表面贴装型封装（PLCC32）的BIOS。

（9）机箱前置面板接头。机箱前置面板接头是主板用来连接机箱上的电源开关、系统复位、硬盘指示灯等排线的地方。一般来说，ATX结构的机箱上有一个总电源的开关接线（Power SW），它是个两芯的插头，它和Reset的接头一样，按下时短路，松开时开路，按一下，电脑的总电源就被接通了，再按一下就关闭。而在硬盘指示灯的两芯接头中，其中一条线为红色。

（10）外部接口。ATX主板的外部接口都是统一集成在主板后半部的。现在的主板一般都符合PC'99规范，也就是用不同的颜色表示不同的接口，以免混淆。一般来说，键盘和鼠标都是采用PS/2圆口，只是键盘接口一般为蓝色，鼠标接口一般为绿色，便于区别。而USB接口为扁平状，可接MODEM、移动硬盘、扫描仪等外设。而串口可连接MODEM和方口鼠标等，并口一般连接打印机。

1.3　实训内容

1. 观察计算机各部件外观及参数。
2. 组装计算机主机部分。
3. 组装计算机外部设备，完成计算机组装全过程。
4. 开机测试。

1.4　实训步骤

实训前的准备工作：初步了解计算机各部件，准备好装机需要的工具。

（1）安装电源：先将电源安装在机箱的固定位置，注意电源的风扇要对着机箱后面的散热孔，这样才能正确地散热。之后就用螺丝钉将电源固定起来。等安装了主板后再把电源线连接到主板上。

(2)安装 CPU：将主板上的 CPU 插槽旁边的把手轻轻向外拨，再向上拉起把手到垂直位置，然后对准插槽插入 CPU。注意要很小心地对准后再插入，否则可能会损坏 CPU。之后再将把手压回，固定到原来的位置。最后在 CPU 上涂上散热硅胶，这是为了让它与风扇上的散热片更好地贴合在一起。

(3)安装风扇：安装风扇时，先把风扇上的挂钩挂在主板上 CPU 插座两端的固定位置，再将风扇的三孔电源插头插在主板的风扇电源插座上。

(4)安装主板：先把定位螺丝钉依照主板上的螺丝孔固定在机箱上，之后把主板的 I/O 端口对准机箱的后部。主板上面的定位孔要对准机箱上的螺丝孔，用螺丝钉把主板固定在机箱上，注意上螺丝钉的时候拧到合适的程度就可以了，防止主板变形。

(5)安装内存：先掰开主板上内存插槽两边的固定夹，将内存条上的缺口对准主板上的内存插槽缺口垂直压下，插槽两侧的固定夹自动跳起夹紧内存并发出"咔"的一声，此时内存已被锁紧。

(6)安装硬盘：首先把硬盘用螺丝钉固定在机箱上。接下来插上电源线，并连接好硬盘上的 SATA 数据线，再把数据线的另一端和主板的 SATA 接口连接。

(7)安装光驱：安装的方法和安装硬盘类似。

(8)安装显卡、声卡：将显卡、声卡对准主板上的 PCI 插槽插下，用螺丝钉将显卡和声卡固定在机箱上。

(9)连接控制线：参照主板说明书，首先找到机箱面板上的指示灯和按键在主板上的连接位置(依照主板上的英文名称)，然后区分开正负极来连接。将机箱面板上的 HDD LED(硬盘灯)、PWR SW(开关电源)、Reset(复位)、Speaker(主板喇叭)、Keylock(键盘锁接口)和 PowerLED(主板电源灯)等连接于主板上的金属引脚，如图 1-1 所示。

图 1-1 机箱内部结构图

（10）将机箱侧挡板装好，完成机箱安装。

（11）将机箱的数据线、电源线与计算机外部设备相连，开机测试。

Part II 练习题

一、单项选择题

1. 1946 年诞生的世界上公认的第一台电子计算机是（　　）。
   A. UNIVAC-I　　　　　B. EDVAC　　　　　C. ENIAC　　　　　D. IBM650

2. 第一台计算机在研制过程中采用了哪位科学家的两点改进意见（　　）。
   A. 莫克利　　　　　B. 冯·诺依曼　　　　　C. 摩尔　　　　　D. 戈尔斯坦

3. 第二代电子计算机所采用的电子元件是（　　）。
   A. 继电器　　　　　B. 晶体管　　　　　C. 电子管　　　　　D. 集成电路

4. 硬盘属于（　　）。
   A. 内部存储器　　　　B. 外部存储器　　　　C. 只读存储器　　　　D. 输出设备

5. 显示器的什么指标越高，显示的图像越清晰？（　　）
   A. 对比度　　　　　B. 亮度　　　　　C. 对比度和亮度　　　　D. 分辨率

6. 计算机从其诞生至今已经历了四个时代，这种对计算机划代的原则是根据（　　）。
   A. 计算机的存储量　　　　　　　　B. 计算机的运算速度
   C. 程序设计语言　　　　　　　　　D. 计算机所采用的电子器件

7. 下列的英文缩写和中文名字的对照中，正确的是（　　）。
   A. URL——用户报表清单　　　　　　B. CAD——计算机辅助设计
   C. USB——不间断电源　　　　　　　D. RAM——只读存储器

8. 下列关于 ROM 的叙述中，错误的是（　　）。
   A. ROM 中的信息只能被 CPU 读取
   B. ROM 主要用来存放计算机系统的程序和数据
   C. 不能随时对 ROM 改写
   D. ROM 一旦断电，信息就会丢失

9. 计算机软件系统包括（　　）。
   A. 程序、数据和相应的文档　　　　B. 系统软件和应用软件
   C. 数据库管理系统和数据库　　　　D. 编译系统和办公软件

10. 运算器的主要功能是进行（　　）。
    A. 算术运算　　　　　　　　　　B. 逻辑运算
    C. 加法运算　　　　　　　　　　D. 算术和逻辑运算

11. DVD-ROM 属于（　　）。
    A. 大容量可读可写外存储器　　　　B. 大容量只读外部存储器
    C. CPU 可直接存取的存储器　　　　D. 只读内存储器

12. ENIAC 是世界上第一台电子数字计算机。电子计算机的最早的应用领域是（　　）。
    A. 信息处理　　　B. 科学计算　　　C. 过程控制　　　D. 人工智能

13. 下列说法中，正确的是（　　）。

    A. 同一个汉字的输入码的长度随输入方法的不同而不同

    B. 一个汉字的机内码与它的国标码是相同的，且均为 2 字节

    C. 不同汉字的机内码的长度是不相同的

    D. 同一汉字用不同的输入法输入时，其机内码是不相同的

14. 计算机能直接识别的语言是（　　）。

    A. 高级程序语言   B. 机器语言

    C. 汇编语言   D. C++语言

15. 用高级程序设计语言编写的程序称为源程序，它（　　）。

    A. 只能在专门的机器上运行   B. 无需编译或解释，可直接在机器上运行

    C. 可读性不好   D. 具有良好的可读性和可移植性

16. 计算机的硬件主要包括中央处理器（CPU）、存储器、输出设备和（　　）。

    A. 键盘   B. 鼠标   C. 输入设备   D. 显示器

17. 计算机内部采用的数制是（　　）。

    A. 十进制   B. 二进制   C. 八进制   D. 十六进制

18. 字符比较大小实际是比较它们的 ASCII 码值，下列比较中正确的是（　　）。

    A. "A"比"B"大   B. "H"比"h"小

    C. "F"比"D"小   D. "9"比"D"大

19. 对计算机操作系统的作用描述完整的是（　　）。

    A. 管理计算机系统的全部软、硬件资源，合理组织计算机的工作流程，以充分发挥计算机资源的效率，为用户提供使用计算机的友好界面

    B. 对用户存储的文件进行管理

    C. 执行用户键入的各类命令

    D. 它是为汉字操作系统提供了运行的基础

20. 操作系统的主要功能是（　　）。

    A. 对用户的数据文件进行管理，为用户管理文件提供方便

    B. 对计算机的所有资源进行统一控制和管理，为用户使用计算机提供方便

    C. 对源程序进行编译和运行

    D. 对汇编语言程序进行翻译

21. 下列叙述中，正确的是（　　）。

    A. CPU 能直接读取硬盘上的数据

    B. CPU 能直接存取内存储器

    C. CPU 由存储器、运算器和控制器组成

    D. CPU 主要用来存储程序和数据

22. 在计算机中，条码阅读器属于（　　）。

    A. 输入设备   B. 存储设备   C. 输出设备   D. 计算设备

23. 下列各组软件中，全部属于系统软件的一组是（　　）。

    A. 程序语言处理程序、操作系统、数据库管理系统

B. 文字处理程序、编辑程序、操作系统

C. 财务处理软件、金融软件、网络系统

D. WPS Office 2003、Excel 2000、Windows 98

24. 一个汉字的国标码需用(　　)。

    A. 1 个字节　　　　B. 2 个字节　　　　C. 4 个字节　　　　D. 8 个字节

25. 下列叙述中正确的是(　　)。

    A. 计算机能直接识别并执行用高级程序语言编写的程序

    B. 用机器语言编写的程序，其可读性最差

    C. 机器语言就是汇编语言

    D. 高级语言的编译系统是应用程序

26. 计算机的技术性能指标主要是指(　　)。

    A. 计算机所配备语言、操作系统、外部设备

    B. 硬盘的容量和内存的容量

    C. 显示器的分辨率、打印机的性能等配置

    D. 字长、运算速度、内外存容量和 CPU 的时钟频率

27. 下列软件中，不是操作系统的是(　　)。

    A. Linux　　　　B. UNIX　　　　C. MS DOS　　　　D. MS Office

28. 构成 CPU 的主要部件是(　　)。

    A. 内存和控制器　　　　　　　　B. 内存、控制器和运算器

    C. 高速缓存和运算器　　　　　　D. 控制器和运算器

29. 下列设备组中，完全属于输入设备的一组是(　　)。

    A. CD-ROM 驱动器、键盘、显示器

    B. 绘图仪、键盘、鼠标器

    C. 键盘、鼠标器、扫描仪

    D. 打印机、硬盘、条码阅读器

30. 下列各存储器中，存取速度最快的是(　　)。

    A. CD-ROM　　　　B. 内存储器　　　　C. U 盘　　　　D. 硬盘

31. 人们把以下哪个作为硬件基本部件的计算机称为第一代计算机？(　　)

    A. 电子管　　　　　　　　　　　B. ROM 和 RAM

    C. 小规模集成电路　　　　　　　D. 磁带与磁盘

32. 计算机之所以能按人们的意图自动进行工作，最直接的原因是采用了(　　)。

    A. 二进制　　　　　　　　　　　B. 高速电子元件

    C. 程序设计语言　　　　　　　　D. 存储程序控制

33. 1GB 的准确值是(　　)。

    A. 1024×1024 Bytes　　　　　　B. 1024 KB

    C. 1024 MB　　　　　　　　　　D. 1000×1000KB

34. 下列属于计算机病毒特征的是(　　)。

    A. 模糊性　　　　B. 高速性　　　　C. 传染性　　　　D. 危急性

35. 操作系统中的文件管理系统为用户提供的功能是(　　)。

　　A. 按文件作者存取文件　　　　　　　　B. 按文件名管理文件

　　C. 按文件创建日期存取文件　　　　　　D. 按文件大小存取文件

36. 下列关于软件的叙述中，正确的是(　　)。

　　A. 计算机软件分为系统软件和应用软件两大类

　　B. Windows 就是广泛使用的应用软件之一

　　C. 所谓软件就是程序

　　D. 软件可以随便复制使用，不用购买

37. 计算机按性能可以分为超级计算机、大型计算机、小型计算机、微型计算机和(　　)。

　　A. 服务器　　　　　　B. 掌中设备　　　　　　C. 工作站　　　　　　D. 笔记本

38. 为了防治计算机病毒，应采取的正确措施之一是(　　)。

　　A. 每天都要对硬盘和软盘进行格式化

　　B. 必须备有常用的杀毒软件

　　C. 不用任何 U 盘

　　D. 不用任何软件

39. 操作系统管理用户数据的单位是(　　)。

　　A. 扇区　　　　　　　B. 文件　　　　　　　C. 磁道　　　　　　　D. 文件夹

40. 下列叙述中错误的是(　　)。

　　A. 内存储器 RAM 中主要存储当前正在运行的程序和数据

　　B. 高速缓冲存储器(Cache)一般采用 DRAM 构成

　　C. 外部存储器(如硬盘)用来存储必须永久保存的程序和数据

　　D. 存储在 RAM 中的信息会因断电而全部丢失

41. 通常所说的微型机主机是指(　　)。

　　A. CPU 和内存　　　　　　　　　　　　B. CPU 和硬盘

　　C. CPU、内存和硬盘　　　　　　　　　D. CPU、内存与 CD-ROM

42. 下列对计算机的分类，不正确的是(　　)。

　　A. 按使用范围可以分为通用计算机和专用计算机

　　B. 按性能可以分为超级计算机、大型计算机、小型计算机、工作站和微型计算机

　　C. 按 CPU 芯片可分为单片机、中板机、多芯片机和多板机

　　D. 按字长可以分为 8 位机、16 位机、32 位机和 64 位机

43. 现代计算机中采用二进制数制是因为二进制数的优点是(　　)。

　　A. 代码表示简短，易读

　　B. 物理上容易实现且简单可靠；运算规则简单；适合逻辑运算

　　C. 容易阅读，不易出错

　　D. 只有 0、1 两个符号，容易书写

44. 完整的计算机软件指的是(　　)。

　　A. 程序、数据与有关的文档　　　　　　B. 系统软件与应用软件

C. 操作系统与应用软件　　　　　　　　D. 操作系统与办公软件

45. 能直接与 CPU 交换信息的存储器是(　　)。
    A. 硬盘存储器　　　B. CD-ROM　　　　C. 内存储器　　　D. U 盘

46. 下列叙述中正确的是(　　)。
    A. 计算机的体积越大，其功能越强
    B. CD-ROM 的容量比硬盘的容量大
    C. 存储器具有记忆功能，故其中的信息任何时候都不会丢失
    D. CPU 是中央处理器的简称

47. 在下列字符中，其 ASCII 码值最小的一个是(　　)。
    A. 控制符　　　　B. 9　　　　　　　C. A　　　　　　D. a

48. 以下哪一项不是预防计算机病毒的措施？(　　)
    A. 建立备份　　　B. 专机专用　　　C. 不上网　　　D. 定期检查

49. 计算机操作系统通常具有的 5 大功能是(　　)。
    A. CPU 的管理、显示器管理、键盘管理、打印机管理和鼠标器管理
    B. 硬盘管理、软盘驱动器管理、CPU 的管理、显示器管理和键盘管理
    C. CPU 的管理、存储管理、文件管理、设备管理和作业管理
    D. 启动、打印、显示、文件存取和关机

50. 计算机上广泛使用的 Windows 7 是(　　)。
    A. 多用户多任务操作系统　　　　　　B. 单用户多任务操作系统
    C. 实时操作系统　　　　　　　　　　D. 单用户单任务操作系统

51. 为了提高软件开发效率，开发软件时应尽量采用(　　)。
    A. 汇编语言　　　B. 机器语言　　　C. 指令系统　　　D. 高级语言

52. CPU 能够直接访问的存储器是(　　)。
    A. 优盘　　　　　B. 硬盘　　　　　C. RAM　　　　　D. CD-ROM

53. 下列各存储器中，存取速度最快的一种是(　　)。
    A. Cache　　　　　　　　　　　　　B. 动态 RAM(DRAM)
    C. CD-ROM　　　　　　　　　　　　D. 硬盘

54. SRAM 指的是(　　)。
    A. 静态随机存储器　　　　　　　　　B. 静态只读存储器
    C. 动态随机存储器　　　　　　　　　D. 动态只读存储器

55. 影响一台计算机性能的关键部件是(　　)。
    A. CD-ROM　　　　B. 硬盘　　　　　C. CPU　　　　　D. 显示器

56. 在计算机硬件技术指标中，度量存储器空间大小的基本单位是(　　)。
    A. 字节(Byte)　　　　　　　　　　　B. 二进位(bit)
    C. 字(Word)　　　　　　　　　　　　D. 双字(Double Word)

57. 计算机病毒是指能够侵入计算机系统，并在计算机系统中潜伏、传播、破坏系统正常工作的一种具有繁殖能力的(　　)。
    A. 流行性感冒病毒　　　　　　　　　B. 特殊小程序

C. 特殊微生物　　　　　　　　　　　　　D. 源程序

58. 操作系统对磁盘进行读/写操作的单位是(　　)。

　　A. 磁道　　　　　　B. 字节　　　　　　C. 扇区　　　　　　D. KB

59. 下列叙述中正确的是(　　)。

　　A. 内存中存放的是当前正在执行的应用程序和所需的数据

　　B. 内存中存放的是当前暂时不用的程序和数据

　　C. 外存中存放的是当前正在执行的程序和所需的数据

　　D. 内存中只能存放指令

60. 把硬盘上的数据传送到计算机内存中去的操作称为(　　)。

　　A. 读盘　　　　　　B. 写盘　　　　　　C. 输出　　　　　　D. 存盘

61. 在计算机中，每个存储单元都有一个连续的编号，此编号称为(　　)。

　　A. 地址　　　　　　B. 住址　　　　　　C. 位置　　　　　　D. 序号

62. 下列叙述中正确的是(　　)。

　　A. 十进制数可用 10 个数码，分别是 1~10

　　B. 一般在数字后面加一大写字母 B 表示十进制数

　　C. 二进制数只有两个数码：1 和 2

　　D. 在计算机内部都是用二进制编码形式表示的

63. 对于 ASCII 编码在机器中的表示，下列说法正确的是(　　)。

　　A. 使用 8 位二进制代码，最左边一位是 1

　　B. 使用 8 位二进制代码，最左边一位是 0

　　C. 使用 8 位二进制代码，最右边一位是 1

　　D. 使用 8 位二进制代码，最右边一位是 0

64. 在下列各种进制的四个数中，最小的是(　　)。

　　A. (75)D　　　　　B. (A7)H　　　　　C. (37)O　　　　　D. (11011001)B

65. 如果字符 B 的 ASCII 码的二进制数十 1000010，那么字符 F 对应的 ASCII 码的十六进制数为(　　)。

　　A. 37　　　　　　B. 46　　　　　　C. 65　　　　　　D. 75

66. 与十进制数 257 等值的十六进制数为(　　)。

　　A. FF　　　　　　B. 101　　　　　　C. F7　　　　　　D. 11

67. 如果放置 10 个 24×24 点阵的汉字字模，那么需要的存储空间是(　　)。

　　A. 72KB　　　　　B. 56KB　　　　　C. 720B　　　　　D. 5760B

68. 下列关于 USB 移动硬盘优点的说法有误的一项是(　　)。

　　A. 存取速度快

　　B. 容量大、体积小

　　C. 盘片的使用寿命比软盘长

　　D. 在 Windows XP 下，需要驱动程序，不可以直接热插拔

69. 已知 a=00101010B 和 b=40D，下列关系式成立的是(　　)。

　　A. a>b　　　　　　B. a=b　　　　　　C. a<b　　　　　　D. 不能比较

70. 根据汉字国标 GB2312-80 规定，一个汉字的机内码的码长是(　　　)。

    A. 8bits   B. 12bits   C. 16bits   D. 24bits

71. 在标准 ASCII 码表中，英文字母 A 的十进制码值是 65，字母 a 的十进制码值是
(　　　)。

    A. 95   B. 96   C. 97   D. 91

72. 关于计算机病毒的叙述，不正确的是(　　　)。

    A. 对任何计算机病毒，都能找到发现和消除的方法

    B. 没有一种查杀病毒软件能够确保可靠地查处一切病毒

    C. 不用外来的软盘启动机器是防范计算机病毒传染的有效措施

    D. 如果软盘上引导程序已经被病毒修改，那么就一定会使机器也染上病毒

73. 感染 WORD 文件的计算机病毒一般称为(　　　)。

    A. 宏病毒   B. 文件病毒   C. 系统型病毒   D. 引导型病毒

74. 发现计算机病毒之后，比较彻底的清除方法是(　　　)。

    A. 用查毒软件处理   B. 删除磁盘文件

    C. 用杀毒软件处理   D. 格式化磁盘

75. 高级语言程序要变成计算机能执行的目标程序，必须通过的两个步骤为(　　　)。

    A. 汇编和排错   B. 翻译和调入内存

    C. 编译和连接   D. 编辑和调试

76. 应用软件是指(　　　)。

    A. 所有能够使用的软件

    B. 能够被某个应用单位共同使用的软件

    B. 所有计算机上都应使用的基本软件

    D. 专门为某一应用目的而编制的软件

77. 对软件的正确认识应该是(　　　)。

    A. 正版软件只要能解密就能使用

    B. 受法律保护是多余的

    C. 正版软件太贵，软件复制不必购买

    D. 受法律保护的计算机软件不能随便复制

二、多项选择题

1. 关于世界上第一台电子计算机，下列哪几个说法是正确的？(　　　)

    A. 世界上第一台电子计算机诞生于 1946 年

    B. 世界上第一台电子计算机是由德国研制的

    C. 世界上第一台电子计算机使用的是晶体管逻辑部件

    D. 世界上第一台电子计算机的名字叫埃尼阿克(ENIAC)

2. 关于计算机系统，下列哪几个说法是正确的？(　　　)

    A. 计算机硬件系统由主机，键盘，显示器等组成

    B. 计算机软件系统由操作系统和应用软件组成

    C. 硬件系统在程序控制下，负责实现数据输入、处理与输出等任务

D. 软件系统除了保证硬件功能的发挥之外，还为用户提供了一个宽松的工作环境

3. 一般来说，计算机的用途可以分为(　　)几种类型。

　　A. 文字处理　　　　　　　　　　　　B. 平面设计、动画设计

　　C. 家庭上网、家政管理和炒股　　　　D. 电脑游戏

4. 可以作为输入设备的是(　　)。

　　A. 光驱　　　　　　B. 扫描仪　　　　　C. 绘图仪　　　　　D. 显示器

　　E. 鼠标

5. 计算机发展过程按使用的电子器件可划分为四代，其中第二代和第四代计算机使用的器件分别为(　　)。

　　A. 电子管　　　　　　　　　　　　　B. 晶体管

　　C. 集成电路　　　　　　　　　　　　D. 超大规模集成电路

6. 计算机的特点是(　　)。

　　A. 具有人类思维　　　　　　　　　　B. 具有记忆和逻辑判断能力

　　C. 能自动运行、支持人机交互　　　　D. 有高速运算的能力

7. 常用鼠标器类型有(　　)。

　　A. 光电式　　　　　　B. 击打式　　　　　C. 机械式　　　　　D. 喷墨式

8. 计算机的应用领域包括(　　)。

　　A. 科学计算　　　　　B. 数据处理　　　　C. 过程控制　　　　D. 人工智能

9. 软件由(　　)两部分组成。

　　A. 数据　　　　　　　B. 文档　　　　　　C. 程序　　　　　　D. 工具

10. 计算机病毒的特点有(　　)。

　　A. 隐蔽性、实时性　　　　　　　　　B. 分时性、破坏性

　　C. 潜伏性、隐蔽性　　　　　　　　　D. 传染性、破坏性

11. 关于微型计算机的知识，正确的有(　　)。

　　A. 外存储器中的信息不能直接进入 CPU 进行处理

　　B. 系统总线是 CPU 与各部件之间传送各种信息的公共通道

　　C. 光盘驱动器属于主机，光盘属于外部设备

　　D. 家用电脑不属于微机

12. 下列部件中属于存储器的有(　　)。

　　A. RAM　　　　　　　B. 硬盘　　　　　　C. 绘图仪　　　　　D. 打印机

13. 键盘可用于直接输入(　　)。

　　A. 数据　　　　　　　B. 文本　　　　　　C. 程序和命令　　　D. 图形、图像

14. 下面属于高级语言的是(　　)

　　A. 汇编语言　　　　　B. C 语言　　　　　C. PASCAL 语言　　D. JAVA 语言

三、填空题

1. "计算机辅助制造"的英文缩写是_____。

2. 计算机网络最本质的功能是实现_____。

3. 操作系统的主要功能包括处理机管理、存储管理、_____、设备管理和作业

管理。

4. 计算机病毒具有破坏性、隐蔽性、＿＿＿＿＿＿＿＿＿＿、潜伏性和激发性等主要特点。

5. 根据制造光盘的材料和记录方式，光盘一般分为固定型、＿＿＿＿＿＿＿＿＿＿和可改写型。

6. 声卡的结构以＿＿＿＿＿＿＿＿＿＿为核心，它在完成数字声音的编码解码及许多操作中起着重要作用。

7. 用＿＿＿＿＿＿＿＿＿＿编写的程序可由计算机直接执行。

8. CPU 的＿＿＿＿＿＿＿＿＿＿实际上是指运算器进行一次基本运算所能处理的数据位数。

9. 计算机安全是指计算机财产的安全。计算机财产包括＿＿＿＿＿＿＿＿＿＿和＿＿＿＿＿＿＿＿＿＿。

10. 系统软件通常由＿＿＿＿＿＿、＿＿＿＿＿＿、＿＿＿＿＿＿和＿＿＿＿＿＿等组成。

11. 计算机中存储数据的最小单位是＿＿＿＿＿＿＿＿＿＿。

12. 某单位的人事档案管理程序属于＿＿＿＿＿＿＿＿＿＿软件。

13. 一台计算机可能会有多种多样的指令，这些指令的集合就是＿＿＿＿＿＿＿＿＿＿。

14. 计算机能够直接执行的计算机语言是＿＿＿＿＿＿＿＿＿＿。

15. CPU 的主要组成是运算器和＿＿＿＿＿＿＿＿＿＿。

16. 计算机可分为大型机、超级机、小型机、微型机和＿＿＿＿＿＿＿＿＿＿。

17. 目前，计算机的发展方向是微型化和＿＿＿＿＿＿＿＿＿＿。

18. 为了避免混淆，十六进制数在书写时常在后面加上字母＿＿＿＿＿＿＿＿＿＿。

19. 针式打印机属于＿＿＿＿＿＿＿＿＿＿打印机。

20. 硬盘工作时应特别注意避免＿＿＿＿＿＿＿＿＿＿。

21. 1983 年，我国第一台亿次巨型电子计算机诞生了，它的名称是＿＿＿＿＿＿＿＿＿＿。

22. 在微型计算机中普遍使用的字符编码是＿＿＿＿＿＿＿＿＿＿。

23. 计算机高级语言编写的程序必须用＿＿＿＿＿＿＿程序或＿＿＿＿＿＿＿程序转换成＿＿＿＿＿＿＿才能由计算机识别执行。

24. 八位二进制数可以表示最多＿＿＿＿＿＿＿种状态。

25. 微型计算机存储器系统中的 Cache 称为＿＿＿＿＿＿＿。

第二章　Windows 7 操作系统

Windows 7 是微软公司推出的新一代客户端系统，是当前主流的计算机系统之一。与以往的版本相比，Windows 7 在性能、易用性、安全性等方面都有了非常明显的提高。

本章通过 5 个典型任务来介绍 Windows 7 界面组成和基本操作，要求学生熟练掌握 Windows 7 系统的个性化设置；熟练运用计算器、画图等系统附件，引导学生学会用系统工具进行磁盘整理等操作，对自己的工作环境进一步调整和优化；熟练掌握如何对文件、文件夹以及应用程序进行有效的管理和运用。

Part I　实训指导

任务一　控制面板

"控制面板"是 Windows 7 提供的一个重要系统文件夹，其中包含许多独立的程序项，是用户对计算机系统进行设置的重要工作界面，可以用来对设备进行设置和管理，以及调整系统的环境参数和各种属性。

1.1　情境创设

小张于今年大学毕业后成功应聘到泰平保险公司上班。今天是他上班的第一天，他发现公司新配给他的办公电脑用着不太习惯，为此他想对自己的办公电脑根据自己的喜好以及自己的岗位做个性化的设置。思索一番后，小张决定对系统进行包括以下几项内容的个性化定制。

1. 桌面上显示"计算机"和"回收站"图标，以及"日历"和"幻灯片放映"小工具。
2. 将系统提供的"Windows 7"主题作为新的桌面背景。
3. 创建一个用户名为"WWW"、密码为"123"的管理员用户账户。
4. 修改计算机的日期和时间为 2019 年 12 月 12 日。
5. 给系统添加"简体中文全拼"输入法，然后删除系统已有的"中文(简体)—美式键盘"输入法。

1.2　任务分析

在"控制面板"中可以实现的操作很多，例如：建立、修改、删除用户账号，设置时间和日期，设置区域与语言选项，设置电脑主题、背景、外观，添加、共享打印机等。

1. 使用"个性化"链接来设置系统主题。

2. 使用"小工具"命令来设置小工具。

3. 使用"用户账号"选项来管理用户，包括新建、修改密码。

4. 使用"日期和时间"选项来修改系统日期。

5. 使用"区域和语言"选项来添加或者删除输入法。

1.3 任务实现

1. 桌面上显示"计算机"和"回收站"图标，以及"日历"和"幻灯片放映"小工具

（1）单击"开始"→"控制面板"→"个性化"，打开"个性化"窗口，如图2-1所示。

（2）在打开的"个性化"窗口中单击窗口中的"更改桌面图标"链接，打开"桌面图标设置"对话框。在"桌面图标"栏内选择"计算机"和"回收站"复选框，如图2-2所示，单击"确定"按钮，返回"个性化"窗口。

图2-1 个性化窗口

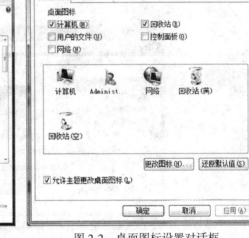

图2-2 桌面图标设置对话框

（3）右击桌面空白处，从快捷菜单选择"小工具"命令，打开"小工具库"窗口，如图2-3所示。

（4）右击"日历"小工具，从快捷菜单中选择"添加"命令，将"日历"小工具添加到桌面上。

（5）使用上面步骤中的方法，将"幻灯片放映"小工具也添加到桌面上，单击"关闭"按钮，关闭小工具库。

2. 将系统提供的"Windows 7"主题作为新的桌面背景

单击"开始"→"控制面板"→"个性化"，打开"个性化"窗口，在打开的"个性化"窗口中，单击列表框中"Aero 主题"栏下的"Windows 7"主题，如图2-4所示，随后观察桌面的变化。

3. 新建一个用户名为"WWW"、密码为"123"的管理员用户账号

（1）单击"开始"→"控制面板"，打开"控制面板"窗口，切换到"小图标"查看方式，如图2-5所示。

图 2-3　小工具库窗口

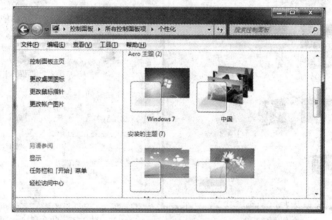

图 2-4　个性化窗口

图 2-5　控制面板设置界面

(2)在"所有控制面板项"窗口中单击"用户账户"图标，打开"用户账户"对话框，如图 2-6 所示。

图 2-6　用户账户设置窗口

(3)选择"管理其他账户"选项，打开"管理账户"对话框，如图 2-7 所示。

图 2-7　管理账户设置窗口

(4)单击"创建一个新账户"选项，在打开窗口的"新账户名"文本框中输入新的账户名"WWW"。

(5)选择"管理员"单选项，如图 2-8 所示，然后单击"创建账户"按钮即可完成新账户的创建。

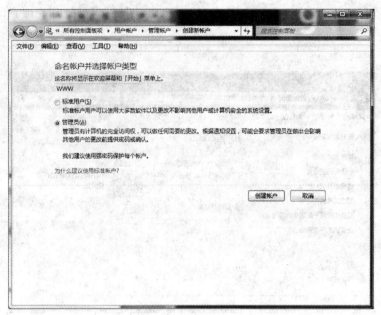

图 2-8 创建新账户

（6）创建了一个新账户之后，就可以切换系统里现有的账户来创建密码，如图 2-9 所示。

（7）单击左边的"创建密码"项，在弹出的"创建密码"窗口中，输入密码"123"，如图 2-10 所示。

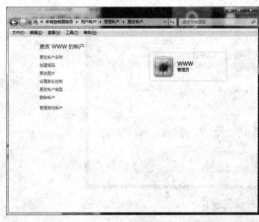

图 2-9 更改账户

图 2-10 创建密码

（8）单击"创建密码"按钮，完成密码设置，如图 2-11 所示。

4. 修改计算机的日期和时间为"2019 年 12 月 12 日"

（1）单击"开始"→"控制面板"，打开"控制面板"窗口，选择"小图标"的查看方式，在"所有控制面板项"窗口中单击"日期和时间"图标，打开"日期和时间"对话框，选择

"日期和时间"选项卡，如图 2-12 所示。

图 2-11 成功创建密码

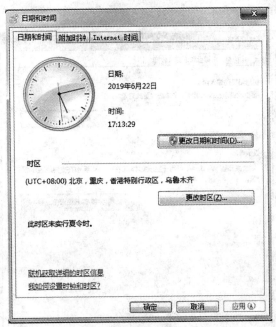

图 2-12 "日期和时间"对话框

(2)单击"更改日期和时间"按钮，打开"日期和时间设置"对话框，单击"日期"下的日历来设置年份和月份，例如"2019 年 12 月 12 日"，如图 2-13 所示。

(3)设置完成后单击"确定"按钮。

图 2-13　"日期和时间设置"对话框

5. 添加"简体中文全拼"输入法，删除"中文(简体)—美式键盘"输入法

(1)单击"开始"→"控制面板"，选择"小图标"查看方式，打开"所有控制面板项"窗口，在该窗口中单击"区域和语言"图标，在打开的"区域与语言"对话框中选择"键盘和语言"选项卡，如图 2-14 所示。

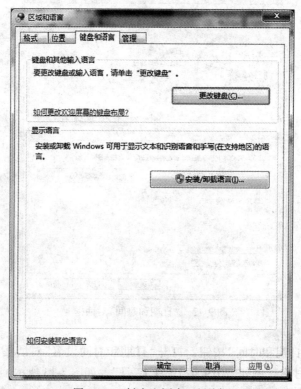

图 2-14　"键盘和语言"选项卡

（2）在"键盘和其他输入语言"选项组中单击"更改键盘"按钮，打开"文字服务和输入语言"对话框，如图 2-15 所示。

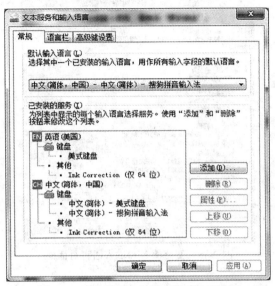

图 2-15　"文字服务和输入语言"对话框

（3）在"已安装的服务"选项组中单击"添加"按钮，打开"添加输入语言"对话框，如图 2-16 所示。

（4）通过上下移动垂直滚动条找到"中文（简体，中国）"语言项，单击"中文（简体，中国）"项前面的展开符号"+"，如图 2-17 所示。

图 2-16　"添加输入语言"对话框

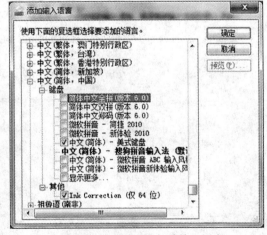

图 2-17　选中需要添加的输入语言

（5）勾选所需要的输入法前的复选框，如"简体中文全拼"，单击"确定"按钮，返回"文字服务和输入语言"对话框，此时简体中文全拼输入法已出现在中文输入法选项中，如图 2-18 所示。

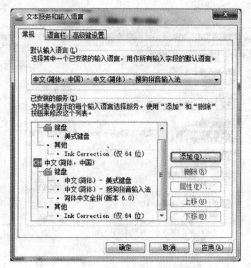

图 2-18　文字服务和输入语言对话框

（6）再次单击"确定"按钮，简体中文全拼输入法添加成功。

6. 删除"中文(简体)—美式键盘"输入法

（1）单击"开始"→"控制面板"，选择"小图标"查看方式，打开"所有控制面板项"窗口，在该窗口中单击"区域和语言"图标，打开"区域与语言"对话框，选择"键盘和语言"选项卡，如图 2-19 所示。

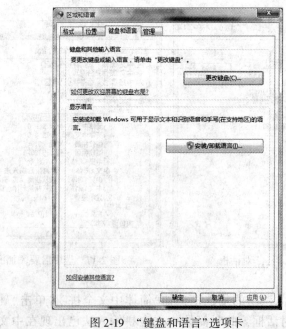

图 2-19　"键盘和语言"选项卡

（2）在"键盘和其他输入语言"选项组中单击"更改键盘"按钮，打开"文字服务和输入语言"对话框。

（3）在"常规"选项卡下"已安装的服务"选项组中，选中其中的一种输入法，如"中文（简体）—美式键盘"输入法，单击"删除"按钮即可删除选中的输入法，如图 2-20 所示。

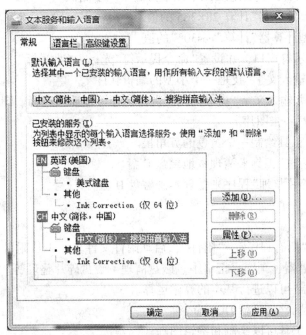

图 2-20 "常规"选项卡

（4）单击"确定"按钮，"中文（简体）—美式键盘"输入法删除成功。

1.4 课后练习

1. 桌面上显示"计算机"和"控制面板"图标以及"CPU 仪表盘"小工具。

2. 将计算机设置为无操作 30 分钟后，自动启动"三维文字"屏幕保护程序，并显示文字："请等待！"

3. 在控制面板中打开"区域和语言选项"，把"美式键盘"输入法设置为系统默认的输入法。

4. 在控制面板中打开"字体"文件夹，以"详细信息"方式查看本机已安装的字体，并统计本机安装的字体数。

5. 将系统提供的"风景"主题作为新的桌面背景。

任务二　系统附件

Windows 7 的"附件"程序为用户提供了许多实用方便而且功能强大的工具，主要有辅助工具、通信、系统工具、娱乐、画图、计算器、命令提示符、记事本和写字板等。

2.1　情景创设

小张对自己办公电脑的系统做好个性化设置后，想测试下自己电脑的附件程序中的工具是否都能正常使用。在测试的同时他发现计算机硬盘上有很多磁盘碎片、坏扇区和大量的临时文件，导致磁盘运行空间不足，文件打开速度很慢，因此，他想进行磁盘清理与磁盘碎片整理。思索之后，他决定从以下几个方面来入手测试。

1. 利用"标准型计算器"计算 28×365 的值。

2. 利用"科学型计算器"计算"cos30°"的值。

3. 打开命令提示符窗口，并设置"命令提示符"光标为"小光标"。

4. 在记事本并输入文字"我是一个小型的编辑软件"。

5. 打开写字板并输入文字"我可以图文混排，还可以插入声音、图片等多媒体资料"，在文字下边插入任意一张图片。

6. 利用"画图"工具绘制一个黄色的五角星。

7. 利用"磁盘清理"工具来清理本地磁盘 C 盘。

8. 利用"磁盘碎片整理"程序来整理本地磁盘 D 盘。

2.2　任务分析

单击"开始"→"所有程序"→"附件"，启动附件文件夹，再从附件文件夹中选择相应的附件工具，如计算器、画图、记事本、磁盘清理、磁盘碎片整理等。

1. 使用"计算器"可以进行基本的算术运算。

2. 使用"命令提示符"运行 DOS 命令。

3. 使用"画图"工具可以绘制和编辑图画。

4. 使用"记事本"和"写字板"可以进行文本文档的创建与编辑工作。

5. 使用"磁盘清理"和"磁盘碎片整理"可以清理磁盘碎片、坏扇区和大量的临时文件，达到整理磁盘的目的。

2.3　任务实现

1. 使用附件工具中的"标准型计算器"来计算 28×365 的值

（1）选择"开始"→"所有程序"→"附件"→"计算器"，打开计算器窗口，系统默认的是"标准型"计算器。

（2）在计算器的键位上单击分别单击 2、8、＊、3、6、5，此时计算器文本框出现"28×365"，如图 2-21 所示。

（3）单击"＝"即可得到 28×365 的值，如图 2-22 所示。

2. 使用附件工具中的"科学型计算器"计算来"cos30°"的值

（1）打开计算器，选择"查看"→"科学型"，切换为科学计算器，如图 2-23 所示。

（2）在计算器右边键位上先选择"3 和 0"，此时 30 出现在计算器的计算区域，然后在左边键位上选择"cos"与"度"，计算区域即出现 cos30 的值，如图 2-24 所示。

图 2-21　标准型计算器

图 2-22　计算结果

图 2-23　科学型计算器

图 2-24　计算结果窗口

3. 打开命令提示符窗口

"命令提示符"（CMD）就是 Windows 7 系统下的"MS-DOS 方式"。选择"开始"→"所有程序"→"附件"→"命令提示符"命令来启动 DOS 窗口，如图 2-25 所示。

4. 设置"命令提示符"光标为"小光标"

（1）打开"命令提示符"窗口。

（2）右击"命令提示符"窗口标题栏，弹出如图 2-26 所示的快捷菜单，可以对该窗口进行最大化、最小化、属性设置等操作。

（3）选择"属性"出现"'命令提示符'属性"对话框，在"选项"选项卡下的"光标大小"选项组中选择"小"单选项，如图 2-27 所示，单击"确定"按钮，完成设置。

图 2-25　DOS 窗口

图 2-26　DOS 窗口的快捷菜单

5. 打开记事本并输入文字"我是一个小型的编辑软件"

单击"开始"→"所有程序"→"附件"→"记事本",打开记事本窗口,输入文字:"我是一个小型的编辑软件",如图 2-28 所示。

6. 打开写字板并输入文字"我可以图文混排,还可以插入声音、图片等多媒体资料",在文字下边插入任意一张图片

(1)单击"开始"→"所有程序"→"附件"→"写字板",打开写字板窗口,从光标闪动的地方开始输入文字:"我可以图文混排,还可以插入声音、图片等多媒体资料"。

(2)输入完成后回车,让光标在下一行显示,然后单击"插入"→"图片"→"来自文件",插入任意一张图片,如图 2-29 所示。

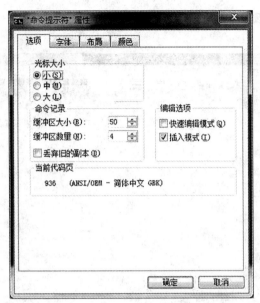

图 2-27　命令提示符属性对话框

图 2-28　记事本窗口

图 2-29　写字板窗口

7. 利用"画图"程序，绘制一个黄色的五角星

(1)单击"开始"→"所有程序"→"附件"→"画图"，打开画图窗口。

(2)在"颜色"选项组中选择"黄色"，在"形状"选项组的"形状"下拉列表中选择五角星，如图 2-30 所示。

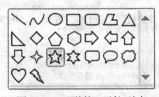

图 2-30　"形状"下拉列表

（3）拖动鼠标，在窗口中间的画图区域绘制五角星，如图 2-31 所示。

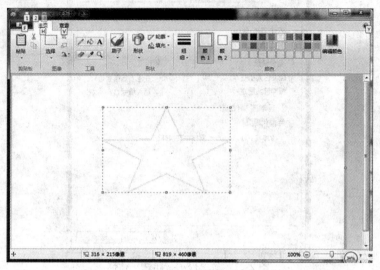

图 2-31　画图窗口

8. 利用系统工具中的磁盘清理工具来清理本地磁盘 C 盘

（1）选择"开始"→"所有程序"→"附件"→"系统工具"→"磁盘清理"，打开"驱动器选择"对话框，如图 2-32 所示。

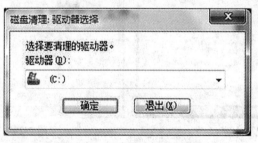

图 2-32　驱动器选择对话框

（2）单击驱动器选项组中的下拉按钮，在下拉列表中选择所需要清理的驱动器，比如 C 盘，单击"确定"按钮后，清理工具开始计算可释放的空间，如图 2-33 所示。

图 2-33　磁盘清理对话框

(3)在 C 盘的"磁盘清理"对话框中，选择所要删除的文件，如图 2-34 所示。

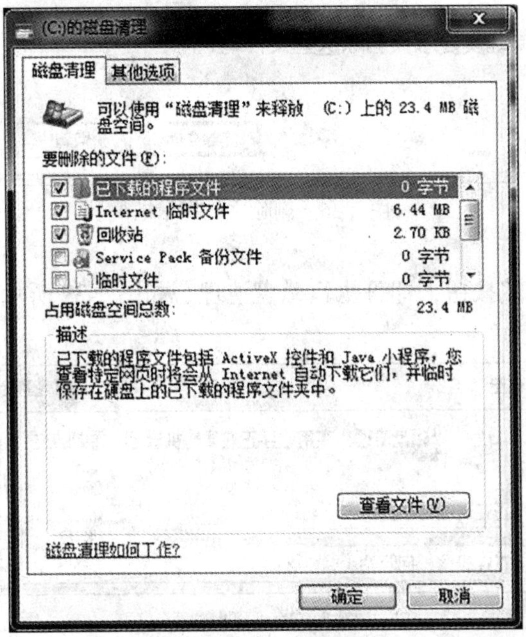

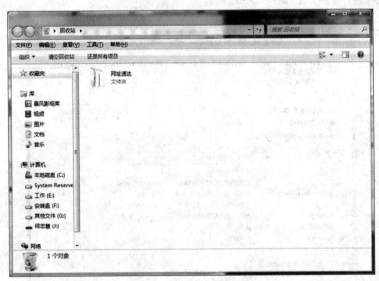

图 2-34 磁盘清理对话框

(4)单击"查看文件"按钮，可以详细查看哪些文件将会被删除，如图 2-35 所示。

图 2-35 查看详细文件窗口

(5)选择好需要删除的文件后，单击"确定"按钮，会弹问询问是否永久删除文件的提示框，如图 2-36 所示。

图 2-36　删除文件提示框

（6）单击"删除文件"按钮，即可执行磁盘清理，如图 2-37 所示。

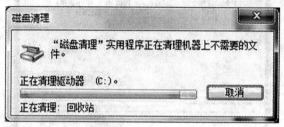

图 2-37　清理磁盘

9. 利用"磁盘碎片整理"程序整理本地磁盘 D

（1）单击"开始"→"所有程序"→"附件"→"系统工具"→"磁盘碎片整理程序"，打开"磁盘碎片整理程序"窗口，如图 2-38 所示。

图 2-38　"磁盘碎片整理程序"窗口

（2）选择所需要整理的磁盘，单击"分析磁盘"按钮，系统会自动分析所选择的磁盘有多少碎片，如图 2-39 所示。

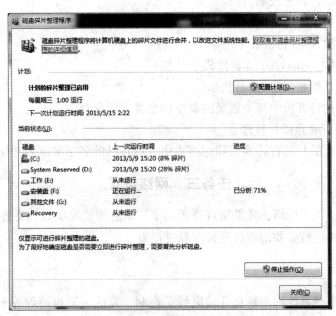

图 2-39　分析磁盘

（3）分析完成后，单击"磁盘碎片整理"按钮，开始对选中的磁盘进行碎片整理，如图 2-40 所示。

图 2-40　磁盘碎片整理正在运行

2.4　课后练习

1. 用计算器进行各种进制转换。

2. 将十进制数 1259 转换成二进制。

3. 将八进制数 5376 转换成十进制。

4. 将二进制数 10101100111 转换成十进制。

5. 用画图工具绘制文字"节日快乐"。

6. 查看自己的计算机中每个磁盘的基本信息并截图保存。

7. 对 C 盘进行磁盘碎片整理。

8. 将自己喜欢的一首古诗输入到记事本中，以自己的名字来命名并保存在桌面上。

任务三　网络设置

计算机只有接入了网络，才能实现资源共享、信息传输等功能。要想将计算机接入网络就必须对计算机进行必要的硬件连接和软件设置。

3.1　情景创设

小张对办公电脑系统的个性化环境进行了定制，完成了磁盘清理等一系列电脑设置、清理工作后，终于能让自己的电脑流畅地运行了。此时他发现自己的电脑不能上网，询问了同事后，小张才知道，他所在的泰平保险公司所有的办公电脑都连成了一个局域网，他需要将自己的计算机接入这个局域网。

同时，为了方便与同事、上司相互共享、交流文件资料，小张需要设置其电脑中的一个文件夹为共享文件夹。

为此他利用公司网络部门申请来的 IP、DNS 服务器地址对电脑进行了网络配置，同时将本地磁盘 D 盘中名为 360Downloads 的文件夹以原文件夹名设为共享文件夹。

3.2　任务分析

在"控制面板"的"网络和共享中心"窗口中，单击左边的"更改适配器设置"，在打开的窗口中可以查看可用网卡的状态。如果要对本机的连接状态进行重新配置，则可通过右击"本地连接"，从快捷菜单中选择"属性"选项来进行具体的配置。

3.3　任务实现

1. 将计算机接入网络，设置 IP 为 192.168.100.202，DNS 服务器地址为 202.103.24.68

（1）单击"开始"→"控制面板"→"网络和共享中心"，单击左上角列表中的"更改适配器设置"。打开的"网络连接"窗口中显示了已安装的连接，每个连接下面显示出目前的连接状态和此连接所使用的网卡信息，如图 2-41 所示。

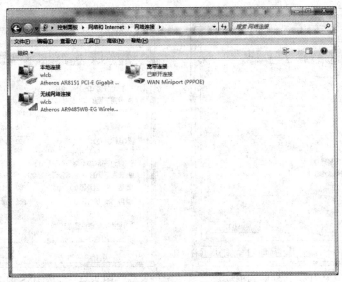

图 2-41 网络连接窗口

(2)在"网络连接"窗口中，右击"本地连接"，在弹出的快捷菜单中选择"属性"选项，打开"本地连接属性"对话框，如图 2-42 所示。

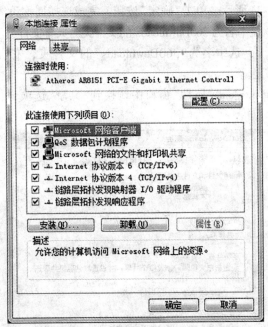

图 2-42 "本地连接属性"对话框

(3)在"此连接使用下列项目"区域中选择"TCP/IPv4"，单击"属性"按钮，打开"Internet 协议版本 4(TCP/IPv4)属性"对话框，如图 2-43 所示。

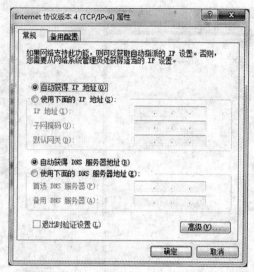

图 2-43　TCP/IPv4 属性对话框

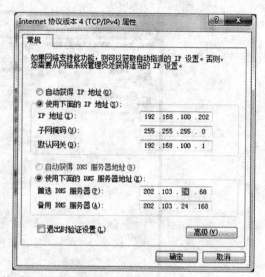

图 2-44　输入 DNS 服务器地址

（4）在打开的"Internet 协议版本 4（TCP/IPv4）属性"对话框中的"常规"选项卡下，选择"使用下面的 IP 地址"单选项，然后输入 IP 地址：192.168.100.202。

（5）选择"使用下面的 DNS 服务器地址"单选项，输入 DNS 服务器地址：202.103.24.68，如图 2-24 所示。单击"确定"按钮，完成连接属性设置。

2. 设置本地磁盘 D 盘中名为 360Downloads 的文件夹为共享文件夹，以原文件夹名共享

（1）打开本地磁盘 D，选中名为"360Downloads"的文件夹，右击该文件夹，在弹出的快捷菜单中选择"属性"选项。

（2）在出现的"360Downloads 属性"窗口中切换到"共享"选项卡，如图 2-45 所示。

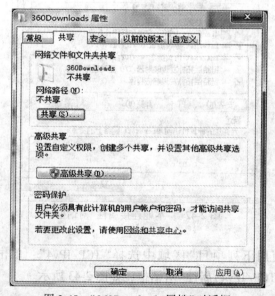

图 2-45　"360Downloads 属性"对话框

（3）单击"共享"按钮，共享名缺省即为原文件夹名。单击"添加"按钮，则该文件夹已共享。最后单击"完成"按钮，如图 2-46 所示。共享的文件夹如图 2-47 所示。

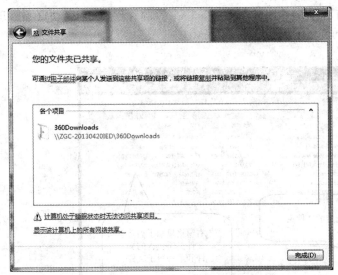

图 2-46 文件共享对话框

图 2-47 共享文件夹

3.4 课后练习

1. 将网线从网卡上拔出或者插入，学会正确地插拔网线。

2. 在正确地连接网络后，拔下网线，观察"本地连接"图标的变化，学会诊断网络是否正确连接。

3. 正确地设置计算机的 IP 地址、DNS 服务器地址。

4. 在"我的文档"中新建一个名为"资料"的文件夹，设置该文件夹为共享文件夹。

任务四　资源管理器

"Windows 资源管理器"是 Windows 提供的用于管理文件和文件夹的应用程序。用户可以利用"资源管理器"查看所有的文件和资源并完成对文件的各种操作。

4.1 情景创设

小张的电脑成功接入局域网后，小张想启动 Windows 资源管理器窗口并查看窗口的组成以及各个文件夹路径结构。

4.2 任务分析

启动资源管理器的方法有三种。

方法一：单击任务栏上的"资源管理器"按钮 ，打开 Windows 资源管理器。

方法二：右击"开始"，选择"打开 Windows 资源管理器"命令，打开 Windows 资源管理器。

方法三：单击"开始"→"所有程序"→"附件"→"Windows 资源管理器"，即可启动 Windows 资源管理器。

4.3　任务实现

打开资源管理器，观察窗口显示的内容。

1. 鼠标单击"开始"→"所有程序"→"附件"→"Windows 资源管理器"，启动资源管理器，如图 2-48 所示。

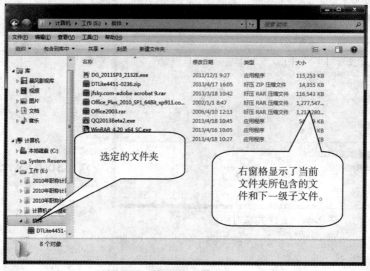

图 2-48　资源管理器窗口(一)

2. 鼠标右击"开始"按钮。在弹出的快捷菜单中选择"打开 Windows 资源管理器"命令，打开资源管理器。

3. 单击任务栏上的"资源管理器"按钮 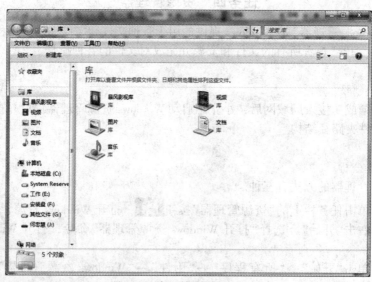，打开 Windows 资源管理器，如图 2-49 所示。

图 2-49　资源管理器窗口(二)

4.4 课后练习

1. 用不同的方法打开"Windows 资源管理器"。

2. 在资源管理器的文件夹内容窗格中，以不同的方式显示详细内容。

任务五 文件和文件夹的整理

计算机中的所有信息都是以文件的形式保存在磁盘中的。所谓的文件是指存放在存储介质(如磁盘、磁带、光盘等)上的、具有一定的关联性并按某种逻辑方式组织在一起的信息的集合。文件的内容可以是一个可运行的程序、一篇文章、一段音频等。

文件夹实际上是存储介质中的一块区域，用于存放各类文件和若干子文件夹。每个文件夹均有地址，即文件夹的路径，使得系统能准确快捷地找到存储于文件夹中的文件。

用户通常应将不同类型的文件存储在不同的文件夹中进行管理，这样方便查找、维护和使用文件。

5.1 情景创设

借助于个性化设置过的 Windows 7 系统以及其他应用软件，小张在泰平保险公司的工作开展得很顺利。一开始，他所有的资料都是随意地放到计算机中，但是随着工作时间变长，工作方面的文件越来越多，一大堆文件显得杂乱无章。有时候找工作文件需要耗费很长时间，这让小张心烦意乱。为了管理方便，小张决定对计算机上的所有文件进行整理。

1. 将"个人资料"文件夹中的"文档"文件夹更名为"Word 文档"。

2. 将"个人资料"文件夹中的"电子表格"子文件夹里的文件"成绩表.xlsx"复制到"幻灯片"文件夹中。

3. 将"个人资料"文件夹中"Word 文档"子文件夹里的文件"a2.txt"移动到"应聘"文件夹中，并将该文件更名为"first.pptx"。

4. 将"应聘"文件夹中所有扩展名为".pptx"的文件全部移动到"幻灯片"文件夹中。

5. 将"个人资料"文件夹中"电子表格"子文件夹里的文件"成绩表.xlsx"删除。

6. 搜索"C：\ windows \ system 32"文件夹中 cale.exe(计算器)文件，将其复制到"Word 文档"文件夹中。

7. 在"Word 文档"文件夹下创建"cale.exe(计算器)"文件的快捷方式，快捷方式名为"计算器"。

8. 将"Word 文档"文件夹中的文件"a2.docx"的属性设置为"只读"、"隐藏"。

5.2 任务分析

思索良久，小张决定对文件进行分类存放并做好备份，于是他依照如图 2-50 所示的树型文件夹结构在 C 盘创建相关文件和文件夹，实现下列的文件管理操作。

1. 通过"资源管理器"或者"计算机"来管理文件，在地址栏可以看到当前文件所在的路径。

2. 文件或者文件夹在"资源管理器"中可以以不同的方式显示，包括小图标、大图标、列表、平铺等，如图 2-51 所示。

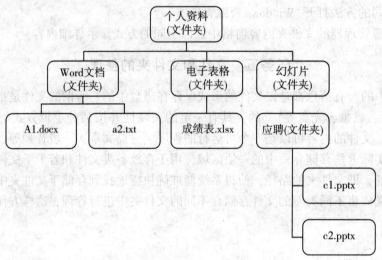

图 2-50 树型文件夹结构图

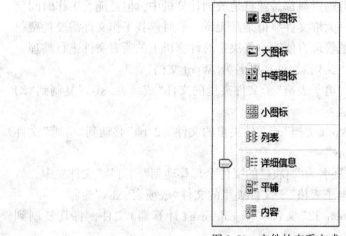

图 2-51 文件的查看方式

3. 文件与文件夹的基本操作包括新建、重命名、复制、移动、搜索、属性设置、删除以及快捷方式的创建。

5.3 任务实现

(1) 右击"开始"菜单，从弹出的快捷菜单中选择"打开 Windows 资源管理器"，在打开窗口的地址栏上依次选择"计算机"→"本地磁盘 C"，打开"本地磁盘 C"窗口，如图 2-52所示。

图 2-52　本地磁盘窗口

（2）在打开的"本地磁盘 C"窗口右边的任务窗格的空白处右击，在弹出的快捷菜单中选择"新建"→"文件夹"，如图 2-53 所示。

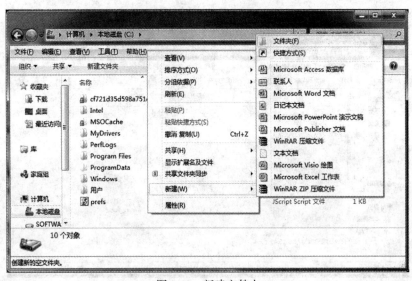

图 2-53　新建文件夹

（3）将右窗格中出现的新文件夹命名为"个人资料"，然后按"Enter"键确定，则成功地在 C 盘中建立了一个名为"个人资料"的子文件夹，如图 2-54 所示。

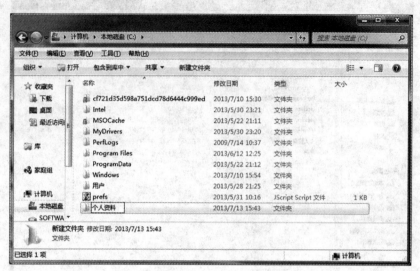

图 2-54　为新文件夹命名

（4）双击打开"个人资料"文件夹，在右边任务窗格空白处右击，在弹出的快捷菜单中选择"新建"→"文件夹"，将右窗格中出现的新文件夹命名为"文档"，然后按"Enter"键确定，则成功地在"个人资料"文件夹中新建了一个名为"文档"的子文件夹，如图 2-55 所示。

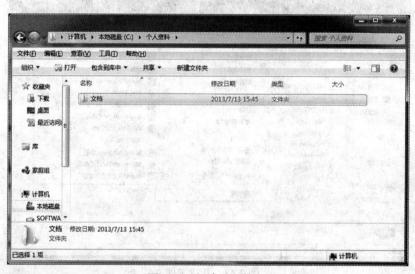

图 2-55　新建子文件夹

（5）用相同的方法在"个人资料"文件夹下新建"电子表格"与"幻灯片"两个子文件夹，如图 2-56 所示。

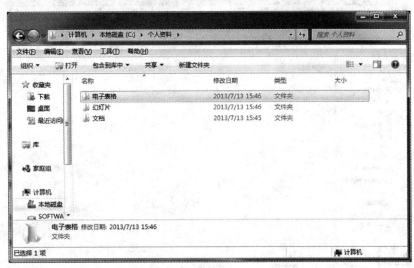

图 2-56　完成新文件夹的创建

（6）双击打开"文档"文件夹，在打开的"文档"窗口的右边任务窗格的空白处右击，在弹出的快捷菜单中选择"新建"→"Microsoft Word 文档"，如图 2-57 所示。

图 2-57　创建新文档

（7）将在右窗格中出现的新文件夹命名为"A1.docx"，然后按"Enter"键确定，则成功地在"文档"文件夹中新建一个名为"A1.docx"的新文件，如图 2-58 所示。

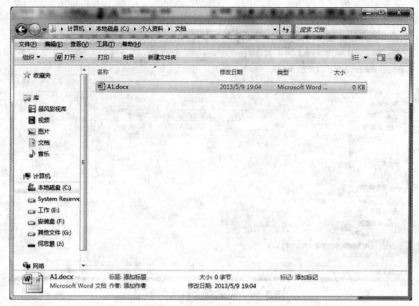

图 2-58 重命名新文档

(8)继续在"文档"窗口右边任务窗格的空白处右击，弹出的快捷菜单中选择"新建"→"文本文档"，将在右窗格中出现的新文件命名为"a2.txt"，然后按"Enter"键确定，则成功地在"文档"文件夹中新建了一个名为"a2.txt"的新文件，如图 2-59 所示。

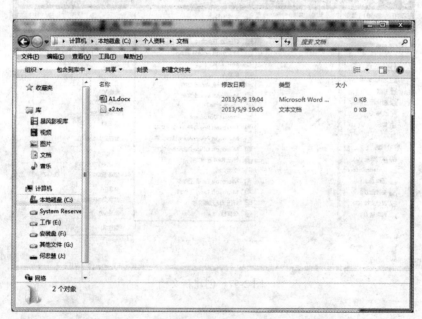

图 2-59 新建文本文档

(9)双击打开"电子表格"文件夹，在打开的"电子表格"窗口的右边任务窗格的空白处右击，在弹出的快捷菜单中选择"新建"→"Microsoft Excel 工作表"，如图 2-60 所示。

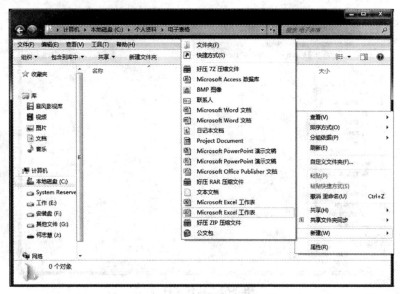

图 2-60　新建 Microsoft Excel 工作表

（10）将在右窗格中出现的新文件命名为"成绩表.xlsx"，然后按"Enter"键确定，则成功地在"电子表格"文件夹中新建了一个名为"成绩表.xlsx"的新文件，如图 2-61 所示。

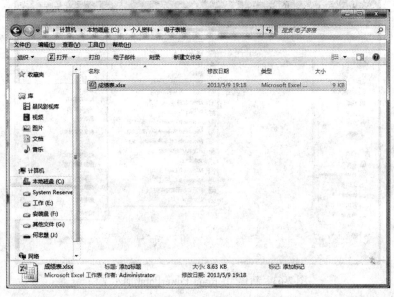

图 2-61　重命名 Microsoft Excel 文件

（11）参照上面步骤的方法，在"幻灯片"文件夹中新建一个名为"应聘"的子文件夹，如图 2-62 所示。

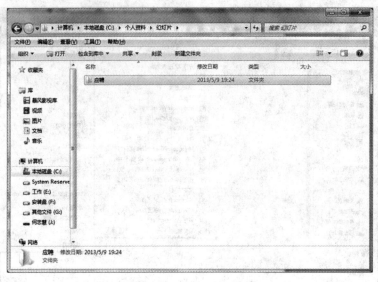

图 2-62　新建文件夹

（12）双击打开"应聘"文件夹，在打开的"应聘"窗口的右边任务窗格的空白处右击，在弹出的快捷菜单中选择"新建"→"新建 Microsoft PowerPoint 演示文稿"，如图 2-63 所示。

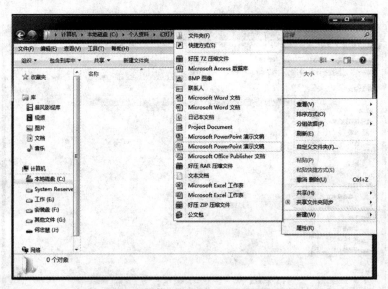

图 2-63　新建 Microsoft PowerPoint 演示文稿

（13）将在右窗格中出现的新文件命名为"c1. pptx"，然后按"Enter"键确定，则成功地在"应聘"文件夹中新建了一个名为"c1. pptx"的新文件，用相同的方法在"应聘"文件夹中创建新文件"c2. pptx"如图 2-64 所示。

图 2-64　重命名 Microsoft PowerPoint 新文件

(14) 双击"计算机"图标，在打开的窗口左侧的资源管理器窗格中单击磁盘 C 图标，打开"本地磁盘 C"窗口，双击"个人资料"文件夹，打开"个人资料"窗口，选中"文档"文件夹并右击，在弹出的快捷菜单选择"重命名"并将文件夹命名为"Word 文档"，然后按"Enter"键确定，如图 2-65 所示。

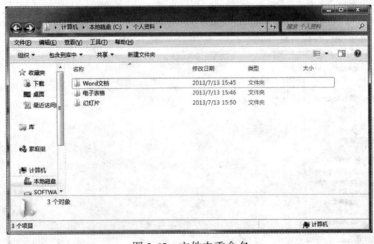

图 2-65　文件夹重命名

(15) 双击"个人资料"文件夹，打开"个人资料"窗口，在右侧任务窗格中选择"电子表格"文件夹并打开，选中"成绩表.xlsx"后右击，在弹出的快捷菜单中选择"复制"，然后打开"幻灯片"文件夹，在右边任务窗格空白处右击，在弹出的快捷菜单中选择"粘贴"，即可完成文件的复制，如图 2-66 所示。

图 2-66 复制并粘贴 Excel 文件

(16) 双击"个人资料"文件夹，打开"个人资料"窗口，在右边任务窗格中选择"Word
文档"文件夹并打开，选中"a2. txt"并右击，在弹出的快捷菜单中选择"剪切"，然后打开
"应聘"文件夹，在右边任务窗格空白处右击，在弹出的快捷菜单中选择"粘贴"，即可完
成文件的剪切，如图 2-67 所示。

图 2-67 移动文本文档

(17) 打开"应聘"文件夹，在右窗格单击选定"c1. pptx"文件，按住"Ctrl"键不放的同
时单击 c2. pptx，则所有以 . pptx 结尾的文件同时被选中了。接着在选中的区域右击，在弹

出的快捷菜单中选择"剪切"命令，然后打开"幻灯片"文件夹，在右边任务窗格空白处右击，在弹出的快捷菜单中选择"粘贴"，即可完成文件的移动，如图2-68所示。

图 2-68 移动多个文件

（18）用上面的方法打开"个人资料"文件夹中的"电子表格"子文件夹，在"电子表格"文件夹中选中"成绩表.xlsx"并右击，在弹出的快捷菜单中选择"删除"命令，在弹出的"删除文件"的提示框中单击"是"按钮，即可将"成绩表.xlsx"删除，如图2-69所示。

图 2-69 "删除文件"提示框

（19）双击"计算机"图标，在打开的窗口中双击磁盘C，在打开的"本地磁盘C"窗口中打开文件夹"Windows"→"System 32"，在打开的窗口右上角搜索文本框中输入"cale.exe"，按回车键确认，如图 2-70 所示。

图 2-70　搜索结果显示窗口

　　（20）在"System32"中的搜索结果窗口中选择"cale.exe（计算器）"图标并右击，在弹出的快捷菜单中选择"复制"，然后打开"word 文档"文件夹，在右边任务窗格空白处右击，在弹出的快捷菜单中选择"粘贴"，即可完成文件的复制，如图 2-71 所示。

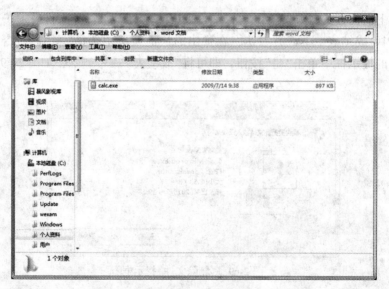

图 2-71　复制应用程序

　　（21）在打开的窗口中选择"cale.exe"图标并右击，在弹出的快捷菜单中选择"创建快捷方式"，则在右边任务窗格出现名为"cale.exe"、类型为"快捷方式"的图标，如图 2-72 所示。

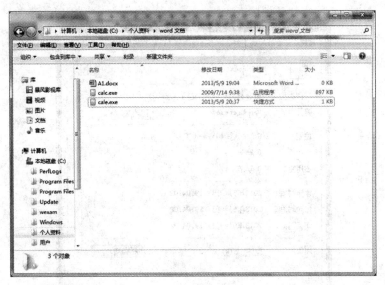

图 2-72　创建快捷方式

(22)选中名为"cale.exe"、类型为"快捷方式"的图标并右击，在弹出的快捷菜单中选择"重命名"，输入"计算器"后按回车键确认，如图 2-73 所示。

图 2-73　重命名为"计算器"

(23)在打开的"Word 文档"窗口中选择"A1.docx"并右击，在弹出的快捷菜单中选择"属性"，打开"A1.docx 属性"对话框，在"常规"选项卡下"属性"选项组中"隐藏"和"只读"前面的复选框打勾，如图 2-74 所示。单击"确定"按钮，即可完成文件属性的设置。

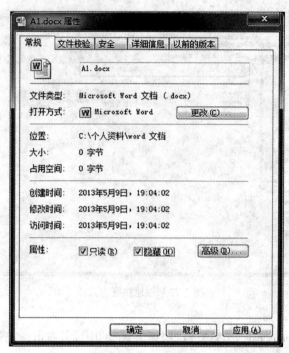

图 2-74 设置文件属性

5.4 课后练习

在 C 盘创建如下图所示的树型文件结构，并实现以下文件和文件夹相关操作。

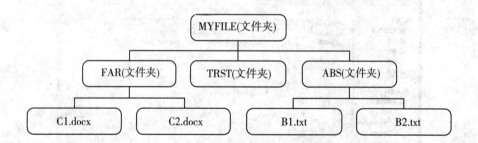

1. 将 MYFILE 文件夹中的 TRST 文件夹更名为 ROUP。

2. 将 MYFILE/FAR 文件夹中的文件 C2. docx 移动到 MYFILE 文件夹下的 ABS 子文件夹内，并将该文件更名为 PLL. docx。

3. 将 MYFILE/ABS 文件夹中的文件 B1. txt、B2. txt 复制到 MYFILE 文件夹下的 ROUP 子文件夹中。

4. 将 MYFILE/ABS 文件夹中的文件 B2. txt 永久删除。

5. 将 MYFILE/FAR 文件夹中的文件 C2. docx 的属性设置为存档和隐藏。

6. 为 MYFILE/ABS 文件夹中的文件 B2. txt 创建快捷方式，直接放置到 MYFILE 文件夹中。

Part II 练 习 题

一、单项选择题

1. 计算机系统中必不可少的软件是(   )。

    A. 操作系统   B. 语言处理程序   C. 工具软件   D. 数据库管理系统

2. 下列说法中正确的是(   )。

    A. 操作系统是用户和控制对象的接口

    B. 操作系统是用户和计算机的接口

    C. 操作系统是计算机和控制对象的接口

    D. 操作系统是控制对象、计算机和用户的接口

3. 操作系统管理的计算机系统硬件资源包括(   )。

    A. 中央处理器、主存储器、输入/输出设备

    B. CPU、输入/输出设备

    C. 主机、数据、程序

    D. 中央处理器、主存储器、外部设备、程序、数据

4. 操作系统的主要功能包括(   )。

    A. 运算器管理、存储管理、设备管理、处理器管理

    B. 文件管理、处理器管理、设备管理、存储管理

    C. 文件管理、设备管理、系统管理、存储管理

    D. 处理管理、设备管理、程序管理、存储管理

5. 在计算机中，文件是存储在(   )。

    A. 磁盘上的一组相关信息的集合   B. 内存中的信息集合

    C. 存储介质上一组相关信息的集合   D. 打印纸上的一组相关数据

6. Windows 7 目前有几个版本(   )。

    A. 3   B. 4   C. 5   D. 6

7. 在 Windows 7 的各个版本中，支持的功能最少的是(   )。

    A. 家庭普通版   B. 家庭高级版   C. 专业版   D. 旗舰版

8. Windows 7 是一种(   )。

    A. 数据库软件   B. 应用软件   C. 系统软件   D. 中文字处理软件

9. 在 Windows 7 操作系统中，将打开窗口拖动到屏幕顶端，窗口会(   )。

    A. 关闭   B. 消失   C. 最大化   D. 最小化

10. 在 Windows 7 操作系统中，显示桌面的快捷键是(   )。

    A. Win+D   B. Win+P

    C. Win+Tab   D. Alt+Tab

11. 在 Windows 7 操作系统中，显示 3D 桌面效果的快捷键是(   )。

    A. Win+D   B. Win+P   C. Win+Tab   D. Alt+Tab

12. 安装 Windows 7 操作系统时，系统磁盘分区必须为(　　)格式才能安装。

    A. FAT   B. FAT16   C. FAT32   D. NTFS

13. 在 Windows 7 中，文件的类型可以根据(　　)来识别。

    A. 文件的大小   B. 文件的用途

    C. 文件的扩展名   D. 文件的存放位置

14. 在下列软件中，属于计算机操作系统的是(　　)。

    A. Windows 7   B. Excel 2010   C. Word 2010   D. Office 2010

15. 要选定多个不连续的文件(文件夹)，要先按住(　　)，再选定文件。

    A. Alt 键   B. Ctrl 键   C. Shift 键   D. Tab 键

16. 在 Windows 7 中，使用删除命令删除硬盘中的文件后，(　　)。

    A. 文件确实被删除，无法恢复

    B. 在没有存盘操作的情况下，还可恢复，否则不可以恢复

    C. 文件被放入回收站，可以通过"查看"菜单的"刷新"命令恢复

    D. 文件被放入回收站，可以通过回收站中的命令来恢复

17. 在 Windows 7 中，要把选定的文件剪切到剪贴板中，可以按(　　)组合键。

    A. Ctrl+X   B. Ctrl+Z   C. Ctrl+V   D. Ctrl+C

18. 在 Windows 7 中，个性化设置不包括(　　)。

    A. 硬盘空间大小   B. 桌面背景   C. 窗口颜色   D. 声音

19. 在 Windows 7 中可以完成窗口切换的方法是(　　)。

    A. Alt+Tab   B. Win+C   C. Win+P   D. Win+D

20. 在 Windows 7 中，关于防火墙的叙述不正确的是(　　)。

    A. Windows 7 自带的防火墙具有双向管理的功能

    B. 默认情况下允许所有入站连接

    C. 不可以与第三方防火墙软件同时运行

    D. Windows 7 通过高级防火墙管理界面管理出站规则

21. 在 Windows 操作系统中，Ctrl+C 是(　　)命令的快捷键。

    A. 复制   B. 粘贴   C. 剪切   D. 打印

22. 在安装 Windows 7 的最低配置中，硬盘的基本要求是(　　)以上可用空间。

    A. 8G 以上   B. 16G 以上   C. 30G 以上   D. 60G 以上

23. Windows 7 有四个默认库，分别是视频、图片、(　　)和音乐。

    A. 文档   B. 汉字   C. 属性   D. 图标

24. 在 Windows 7 中，有两个对系统资源进行管理的程序组，它们是"资源管理器"和(　　)。

    A."回收站"   B."剪贴板"   C."我的电脑"   D."我的文档"

25. 在 Windows 7 环境中，鼠标是重要的输入工具，而键盘(　　)。

A. 无法起作用

B. 仅能配合鼠标. 在输入中起辅助作用(如输入字符)

C. 仅能在菜单操作中运用，不能在窗口的其他地方操作

D. 也能完成几乎所有操作

26. 在 Windows 7 中，单击是指(   )。

A. 快速按下并释放鼠标左键　　　　　B. 快速按下并释放鼠标右键

C. 快速按下并释放鼠标中间键　　　　D. 按住鼠标器左键并移动鼠标

27. 在 Windows 7 的桌面上单击鼠标右键，将弹出一个(   )。

A. 窗口　　　　　B. 对话框　　　　　C. 快捷菜单　　　　　D. 工具栏

28. 被物理删除的文件或文件夹(   )。

A. 可以恢复　　　　　　　　　　　　B. 可以部分恢复

C. 不可恢复　　　　　　　　　　　　D. 可以恢复到回收站

29. 记事本的默认扩展名为(   )。

A. DOC　　　　　B. COM　　　　　C. TXT　　　　　D. XLS

30. 关闭对话框的正确方法是(   )。

A. 按最小化按钮　　　　　　　　　　B. 单击鼠标右键

C. 单击关闭按钮　　　　　　　　　　D. 以击鼠标左键

31. 在 Windows 7 桌面上，若任务栏上的按钮呈凸起形状，表示相应的应用程序处在
(   )。

A. 后台　　　　　B. 前台　　　　　C. 非运行状态　　　D. 空闲

32. Windows 7 中的菜单有窗口菜单和(   )菜单两种。

A. 对话　　　　　B. 查询　　　　　C. 检查　　　　　D. 快捷

33. 当一个应用程序窗口被最小化后，该应用程序将(   )。

A. 被终止执行　　　　　　　　　　　B. 继续在前台执行

C. 被暂停执行　　　　　　　　　　　D. 转入后台执行

34. 下面是关于 Windows 7 文件名的叙述，错误的是(   )。

A. 文件名中允许使用汉字　　　　　B. 文件名中允许使用多个圆点分隔符

C. 文件名中允许使用空格　　　　　D. 文件名中允许使用西文字符"|"。

35. 下列哪一个操作系统不是微软公司开发的操作系统(   )。

A. Windows Server 7　　　　　　　B. Windows 7

C. Linux　　　　　　　　　　　　　D. Vista

36. 正常退出 Windows 7 的正确的操作是(   )。

A. 在任何时刻关掉计算机的电源

B. 选择"开始"菜单中"关闭计算机"

C. 在计算机没有任何操作的状态下关掉计算机的电源

D. 在任何时刻按 Ctrl+Alt+Del 键

37. 为了保证 Windows 7 安装后能正常使用,采用的安装方法是( )。

    A. 升级安装   B. 卸载安装   C. 覆盖安装   D. 全新安装

38. 大多数操作系统,如 DOS、WINDOWS、UNIX 等,都采用( )的文件夹结构。

    A. 网状结构   B. 树状结构   C. 环状结构   D. 星状结构

39. 在 Windows 7 中,按( )键可在各中文输入法和英文输入法之间切换。

    A. Ctrl+Shift   B. Ctrl+Alt   C. Ctrl+Space   D. Ctrl+Tab

40. 操作系统具有的基本管理功能是:( )

    A. 网络管理,处理器管理,存储管理,设备管理和文件管理

    B. 处理器管理,存储管理,设备管理,文件管理和作业管理

    C. 处理器管理,硬盘管理,设备管理,文件管理和打印机管理

    D. 处理器管理,存储管理,设备管理,文件管理和程序管理

41. Windows 7 系统是微软公司推出的一种( )

    A. 网络系统   B. 操作系统   C. 管理系统   D. 应用程序

42. 在 Windows 7 中,( )桌面上的程序图标即可启动一个程序

    A. 选定   B. 右击   C. 双击   D. 拖动

43. Windows 7 中任务栏上显示( )

    A. 系统中保存的所有程序   B. 系统正在运行的所有程序

    C. 系统前台运行的程序   D. 系统后台运行的程序

44. 当屏幕的指针为沙漏加箭头时,表示 Windows 7( )

    A. 正在执行答应任务

    B. 没有执行任何任务

    C. 正在执行一项任务,不可以执行其他任务

    D. 正在执行一项任务但仍可以执行其他任务

45. 在 Windows 7 中,活动窗口表示为( )

    A. 最小化窗口

    B. 最大化窗口

    C. 对应任务按钮在任务栏上往外凸

    D. 对应任务按钮在任务栏上往里凹

46. 使用鼠标右键单击任何对象将弹出( ),可用于该对象的常规操作

    A. 图标   B. 快捷菜单   C. 按钮   D. 菜单

47. 在 Windows 7 中,能在前台运行的任务数为( )个。

    A. 1   B. 2   C. 3   D. 任意多

48. 选用中文输入法后,可以实现全角半角切换的组合键是( )

    A. Capslock   B. Ctrl+.   C. Shift+space   D. Ctrl+Space

49. 在 Windows 7 中,下列文件名正确的是( )

    A. My file1. txt   B. file1/   C. A<B   C. *. doc   D. A>B. DOC

二、多项选择题

1. 在 Windows 7 中，个性化设置包括(　　)。

   A. 主题　　　　　　　B. 桌面背景　　　　　C. 窗口颜色　　　　　D. 声音

2. 在 Windows 7 中可以完成窗口切换的方法是(　　)。

   A. "Alt"+"Tab"

   B. "Win"+"Tab"

   C. 单击要切换窗口的任何可见部位

   D. 单击任务栏上要切换的应用程序按钮

3. 下列属于 Windows 7 控制面板中的设置项目的是(　　)。

   A. Windows Update　　　　　　　　B. 备份和还原

   C. 恢复　　　　　　　　　　　　　D. 网络和共享中心

4. 在 Windows 7 中，窗口最大化的方法是(　　)。

   A. 按最大化按钮　　　　　　　　　B. 按还原按钮

   C. 双击标题栏　　　　　　　　　　D. 拖曳窗口到屏幕顶端

5. 使用 Windows 7 的备份功能所创建的系统镜像可以保存在(　　)上。

   A. 内存　　　　　　　B. 硬盘　　　　　　　C. 光盘　　　　　　　D. 网络

6. 在 Windows 7 操作系统中，属于默认库的有(　　)。

   A. 文档　　　　　　　B. 音乐　　　　　　　C. 图片　　　　　　　D. 视频

7. 以下网络位置中，可以在 Windows 7 里进行设置的是(　　)。

   A. 家庭网络　　　　　B. 小区网络　　　　　C. 工作网络　　　　　D. 公共网络

8. Windows 7 的特点是(　　)。

   A. 更易用　　　　　　B. 更快速　　　　　　C. 更简单　　　　　　D. 更安全

9. 当 Windows 系统崩溃后，可以通过(　　)来恢复。

   A. 更新驱动　　　　　　　　　　　B. 使用之前创建的系统镜像

   C. 使用安装光盘重新安装　　　　　D. 卸载程序

10. 下列属于 Windows 7 零售盒装产品的是(　　)。

    A. 家庭普通版　　　　B. 家庭高级版　　　　C. 专业版　　　　　　D. 旗舰版

11. 对于"回收站"的说法，正确的是(　　)

    A. "回收站"是一个系统文件夹

    B. 放到"回收站"的文件无法恢复

    C. 如果"回收站"装满时，站内所有文件将自动被清除

    D. 如果"回收站"被清空，清空前的所有文件无法恢复

12. 在 Windows 7 中，启动应用程序的方式有(　　)。

    A. 双击程序图标　　　　　　　　　B. 通过"开始"菜单

    C. 通过快捷方式　　　　　　　　　D. 通过"运行"窗口

13. 在 Windows 7 中，删除文件的方法有(　　)。

A. 用 Del 键删除
B. 用鼠标将其拖放到回收站

C. 用 Erase 命令删除
D. 用鼠标将其拖出本窗口

14. 选择连续的若干个文件的方法有( )。

A. Shift+光标移动键
B. Ctrl+光标移动键

C. 按住鼠标左键拖动选中某区域
D. 用鼠标左键连续单击文件名

15. 在"我的电脑"窗口中，利用"查看"菜单可以对窗口内的对象以( )方式进行浏览。

A. 图标
B. 刷新
C. 平铺
D. 缩略图

E. 列表
F. 详细信息

16. 退出 Windows 7 的方法有( )。

A. 从"开始"菜单中选择"关闭计算机"

B. 直接关闭电源

C. 按 Ctrl+Alt+Del 组合键，选择关机

D. 按 Alt+F4 组合键

17. 刚安装好的 Windows 7，桌面("现代桌面"风格)的基本元素有( )。

A. "收件箱"图标
B. 任务栏

C. "我的电脑"图标
D. "Office 7"图标

E. "回收站"图标

18. Windows 7 中的窗口主要组成部分应包括( )。

A. 标题栏
B. 菜单栏
C. 状态栏
D. 工具栏

E. 关闭按钮

19. 关闭应用程序窗口的方法有( )。

A. 单击"关闭"按钮

B. 双击窗口的标题栏

C. 单击状态栏中的另一个任务

D. 选择"文件"菜单中的"退出"或"关闭"选项

20. 通过经典"开始"菜单的"设备"级联菜单可以打开( )窗口。

A. 我的电脑
B. 控制面板
C. 网络连接
D. 打印机和传真

21. Windows7 的开始菜单可以( )。

A. 添加项目
B. 删除项目

C. 隐藏"开始菜单"
D. 显示小图标

22. 在屏幕底部的任务栏可以移到屏幕的( )。

A. 顶部
B. 任何位置
C. 左边界
D. 右边界

23. 在多个窗口中切换的方法是( )。

A. 在"任务栏"上，单击任一个窗口的任务提示条

B. 按 Alt+Tab 组合键选择

C. 单击非活动窗口的任意未被遮蔽的可见位置

D. 用鼠标右键单击

24. (   )等特征可以随着 Windows 7 的主题配置而变动。

A. 显示风格　　　　　B. 鼠标形状　　　　　C. 音响方案　　　　　D. 屏幕保护

25. 在 Windows 7 中，在给文件和文件夹命名时，可以使用(   )。

A. 长文件名　　　　　　　　　　　　B. 汉字

C. 大/小写英文字母　　　　　　　　　D. 特殊符号如"\"、"/"、"·"等

三、填空题

1. 在安装 Windows 7 的最低配置中，内存的基本要求是＿＿＿＿＿＿＿GB 及以上。

2. Windows 7 有四个默认库，分别是视频、图片、＿＿＿＿＿＿＿和音乐。

3. Windows 7 是由＿＿＿＿＿＿＿公司开发，具有革命性变化的操作系统。

4. 安装 Windows 7，系统磁盘分区必须为＿＿＿＿＿＿＿格式。

5. 在 Windows 操作系统中，Ctrl+C 是＿＿＿＿＿＿＿命令的快捷键。

6. 在安装 Windows 7 的最低配置中，硬盘的基本要求是＿＿＿＿＿＿＿GB 以上可用空间。

7. 在 Windows 操作系统中，Ctrl+X 是＿＿＿＿＿＿＿命令的快捷键。

8. 在 Windows 操作系统中，Ctrl+V 是＿＿＿＿＿＿＿命令的快捷键。

9. 记事本是 Windows 7 操作系统自带的专门用于＿＿＿＿＿＿＿应用程序。

10. Windows 7 中的"剪贴板"是一个可以临时存放＿＿＿＿＿＿＿、＿＿＿＿＿＿＿等信息的区域，专门用于在＿＿＿＿＿＿＿之间或＿＿＿＿＿＿＿之间传递信息。

11. 磁盘是存储信息的物理介质，包括＿＿＿＿＿＿＿、＿＿＿＿＿＿＿。

12. 在计算机中，"＊"和"?"被称为＿＿＿＿＿＿＿。

13. ＿＿＿＿＿＿＿是一个小型的文字处理软件，能够对文章进行一般的编辑和排版处理，还可以进行简单的图文混排。

第三章　Word 2010 办公文档处理

Microsoft Word 2010 提供了世界上最出色的文档处理功能，其增强后的功能可创建专业水准的文档，利用它可更轻松、高效地组织和编写文档。

本章结合五个具体的综合案例进行实训教学，这五个案例分别是公司结算单制作、互联网发展统计报告编辑、评审会会议秩序册制作、公司年度报告编排、给学生家长的信的编辑，旨在训练学生从解决实际工作中的文档编排、设计出发，举一反三，熟练掌握一整套的办公文档处理方法。

Part I　实 训 指 导

任务一　结算单的制作

1.1　情境创设

某单位财务处请小张设计《经费联审结算单》模板，以提高日常报账和结算单审核效率。请根据素材文件"Word 素材 1. docx"和"Word 素材 2. xlsx"文件来完成制作任务。具体要求如下：

1. 将素材文件"Word 素材 1. docx"另存为"结算单模板. docx"，后续操作基于此文件。

2. 将页面设置为 A4 幅面、横向，页边距均设为 1 厘米。设置页面为两栏，栏间距为 2 字符，其中左栏内容为《经费联审结算单》表格，右栏内容为《××研究所科研经费报账须知》，要求左右两栏内容不跨栏、不跨页。

3. 设置《经费联审结算单》表格整体居中，所有表格内容垂直居中对齐。参考样例图 3-1，适当调整表格行高和列宽，其中两个"意见"的行高不低于 2.5 厘米，其余各行行高不低于 0.9 厘米。设置单元格边框的细线宽度为 0.5 磅、粗线宽度为 2.25 磅。

4. 设置《经费联审结算单》标题（表格第一行）水平居中，字号为小二、字体为华文中宋，其他单元格中已有文字字体均为小四、仿宋、加粗；除"单位："外，其余含有文字的单元格均为居中对齐。表格第二行的最后一个空白单元格将填写填报日期，字号设为四号、字体设为楷体并右对齐；其他空白单元格均为四号、楷体、左对齐。

5.《××研究所科研经费报账须知》以文本框形式实现，其文字的显示方向与《经费联审结算单》相比，逆时针旋转 90 度。

6. 设置《××研究所科研经费报账须知》的第一行格式为小三、黑体、加粗、居中；第二行格式为小四、黑体、居中；其余内容的格式为小四、仿宋，两端对齐、首行缩进 2 字符。

7. 将"科研经费报账基本流程"中的四个步骤改用"垂直流程"SmartArt 图形显示，颜色为"强调文字颜色1"，样式为"简单填充"。

8. "Word 素材2. xlsx"文件中包含了报账单据信息，需使用"结算单模板 . docx"自动批量生成所有结算单。其中，对于结算金额(含)以下的单据，"经办单位意见"栏填写"同意，送财务审核"；否则填写"情况属实，拟同意，请所领导审批。"另外，因结算金额低于500的单据不再单独审核，需要在批量生成结算单据时将这些单据记录自动跳过。保存批量生成单据并以"批量结算单 . docx"命名。

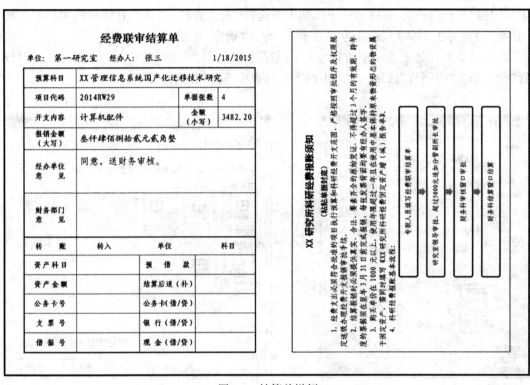

图 3-1   结算单样例

1.2   任务分析

小张打开素材文件，仔细分析了样例图 3-1。他发现，要制作格式统一、美观整齐的文档，必须先制定出统一的排版要求，并将这种排版要求固定下来，应用到以后类似的公文中。于是，小张研究了公司以往的公文的性质和类型，拿出了一整套的文档排版要求，包括字体、字形、字号、编号、字间距、行间距、段间距等。

1.3   任务实现

1. 打开素材文件并重命名

(1)打开所给的"Word 素材1. docx"素材文件。

(2)单击"文件"选项卡下的"另存为"按钮，弹出"另存为"对话框，在该对话框中将

"文件名"设为"结算单模板"并保存。

2. 进行页面设置

(1)单击"页面布局"选项卡下"页面设置"选项组中的"对话框启动器"按钮，弹出"页面设置"对话框，切换到"纸张大小"选项卡，将"纸张大小"设置为"A4"。

(2)切换至"页边距"选项卡，在"页边距"选项组中将"上"、"下"、"左"、"右"都设置为"1 厘米"，在"纸张方向"选项组中单击"横向"按钮，设置完成后，单击"确定"按钮，如图3-2所示。

(3)将光标置于表格下方的空白回车符前，单击"页面布局"选项卡下"页面设置"选项组中的"分栏"按钮，在弹出的下拉列表中选择"更多分栏"选项，在弹出的对话框中将"栏数"设置为2、"间距"设置为"2字符"，单击"确定"按钮。

(4)确认光标处于表格下方的空白回车符前，选择"页面布局"选项卡，在"页面设置"组中单击"分隔符"按钮，在弹出的下拉列表中选择"分栏符"选项。

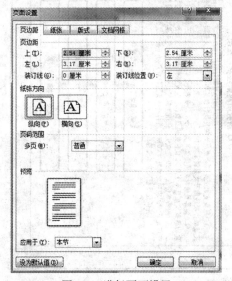

图 3-2　进行页面设置

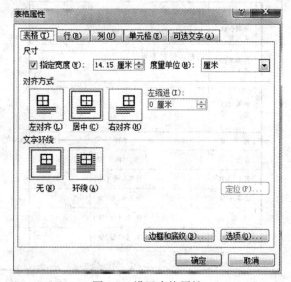

图 3-3　设置表格属性

3. 设置表格属性与表格样式

(1)选择表格对象并右击，在弹出的快捷菜单中选择"表格属性"选项(如图3-3所示)，在弹出的对话框中选择"单元格"选项卡，在"垂直对齐方式"组中单击"居中"按钮。

(2)选中表格，打开"表格工具"，在"布局"选项卡下"单元格大小"选项组中设置高度不低于0.9厘米。选中"经办单位意见"行，在"单元格大小"选项组中设置高度不低于2.5厘米；选择"财务部门意见"行，在"单元格大小"选项组中设置高度不低于2.5厘米。

(3)选中表格第一行和第二行，打开"表格工具"，单击"设计"选项卡下"表格样式"选项组中"边框"下拉列表，选择"无框线"。

(4)选中表格中除第1、第2行以外的所有行，设置"绘图边框"选项组中的线条为0.5磅，选择"边框"下拉列表中的"内部框线"；设置"绘图边框"选项组中的线条为2.25

磅,选择"边框"下拉列表中的"外侧框线"。

4. 设置表格的文字字体

(1)选择表格第一行("经费联审结算单"文字),单击"开始"选项卡下"段落"选项组中的"居中"按钮,在"字体"选项组中将字体设置为"华文中宋",将字号设置为"小二";将其他单元格中已有文字设置为"仿宋"、"小四"、加粗。

(2)除了将"单位:"设置为"左对齐"之外,其余含有文字的单元格均设为"居中对齐"。

(3)选择表格第二行的最后一个空白单元格,将该单元格的"字体"设置为"楷体",将"字号"设置为"四号"并右对齐;将其他空白单元格的"字体"设置为"楷体",将"字号"设置为四号并左对齐。

5. 绘制文本框并旋转

(1)选中分栏右侧的文本文字,单击"插入"选项卡下"文本"选项组中的"文本框"按钮,在弹出的下拉列表中选择"绘制文本框"选项。

(2)选中绘制后的文本框,打开"绘图工具",单击"格式"选项卡下"排列"选项组中"旋转"按钮,在弹出的下拉列表中选择"向左旋转90°"选项。

6. 设置文本框内文字的格式

(1)选择文本框中的第一行文字,在"开始"选项卡下"字体"选项组中将"字体"设置为"黑体",将"字号"设置为"小三",再分别单击"加粗"与"居中"按钮;将第二行文字的"字体"设置为"黑体",将"字号"设置为"小四",单击"居中"按钮(提示:按组合键 Ctrl+E 可以快速地将文字居中对齐)。

(2)选择除了第1、第2行外的其他内容,将"字体"设置为"仿宋",将"字号"设置为"小四";单击"段落"组中的对话框启动器按钮,在弹出的对话框中将"常规"选项组中的"对齐方式"设置为"两端对齐",在"缩进"选项组中将"特殊格式"设置为"首行缩进",将"磅值"设置为"2字符",单击"确定"按钮。

7. 设置 SmartArt 图形与样式

(1)在"科研经费报账基本流程"下面另起一行,单击"插入"选项卡下"插图"选项组中的"SmartArt"按钮,在弹出的对话框中选择"流程"→"垂直流程",单击"确定"按钮(如图 3-4 所示)。

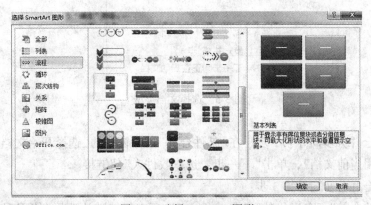

图 3-4   选择 SmartArt 图形

（2）在"SmartArt 样式"选项组中单击"更改颜色"按钮，在弹出的下拉列表中选择"强调文字颜色 1"中的一个，样式设置为"简单填充"

（3）在 SmartArt 图形中添加一个图形，将指定的文字输入并适当调整 SmartArt 图形的大小。

8．进行邮件合并

（1）单击"邮件"选项卡下"开始邮件合并"选项组中的"开始邮件合并"下拉按钮，在展开的列表中选择"邮件合并分步向导"命令，启动"邮件合并"任务窗格。

（2）邮件合并分步向导第 1 步。在"邮件合并"任务窗格"选择文档类型"中保持默认选择"信函"（如图 3-5 所示），单击"下一步：正在启动文档"超链接。

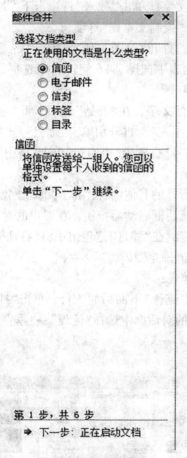

图 3-5　选择文档类型

（3）邮件合并分步向导第 2 步。在"邮件合并"任务窗格的"选择开始文档"选项中保持默认选项"使用当前文档"，单击"下一步：选取收件人"超链接。

（4）邮件合并分步向导第 3 步：

①在"邮件合并"任务窗格的"选择收件人"选项中保持默认选择"使用现有列表"，单

击"浏览"超链接。

②启动"读取数据源"对话框，选择所给文档"Word 素材 2.xlsx"，单击"打开"按钮。此时会弹出"选择表格"对话框，单击"确定"按钮。

③启动"邮件合并收件人"对话框，保持默认设置(勾选所有收件人)，单击"确定"按钮。

④返回 Word 文档后，单击"下一步：撰写信函"超链接。

(5)邮件合并分步向导第 4 步：

①将光标移至"单位："右侧的单元格中，单击"邮件"选项卡下"编写和插入域"选项组中的"插入合并域"按钮，在下拉列表中按照题意选择"单位"域。

②文档中的相应位置就会出现已插入的域标记。接着用相同的方法插入其他合并域。

③将光标置于"经办单位意见"右侧的单元格中，单击"邮件"选项卡下"编写和插入域"选项组中的"规则"按钮，在下拉列表中按照题意选择"如果……那么……否则"，弹出"插入 Word 域：IF"对话框，按要求进行设置后单击"确定"按钮。

④再次单击"规则"按钮，在下拉列表中按照题意选择"跳过记录条件"，弹出对话框"插入 Word 域"对话框，按要求进行设置后单击"确定"按钮。

⑤单击"下一步：预览信函"超链接。

(6)邮件合并分步向导第 5 步。在"预览信函"选项区域中，通过单击"<<"或">>"按钮可查看具有不同信息的信函。预览完毕后单击"下一步：完成合并"超链接。

(7)邮件合并分步向导第 6 步：

①单击"编辑单个信函"选项，启动"合并到新文档"对话框。

②在"合并到新文档"对话框中选择"全部"单选按钮，最后单击"确定"按钮即可。

(8)在生成的新文档中，单击"文件"选项卡下的"另存为"按钮，并将其命名为"批量结算单"，最后单击"确定"按钮，则邮件主文档成功地保存为"批量结算单"。

任务二 互联网发展统计报告的编辑

2.1 情境创设

小张接到单位领导的指示，要求其提供一份最新的中国互联网络发展状况统计报告。小张从网上下载了一份未经整理的原稿，按照下列要求对该文档进行排版并以指定的文件名进行保存。

1. 打开文档"Word 素材.docx"，将其另存为"中国互联网络发展状况统计报告.docx"，后续操作均基于此文件。

2. 按下列要求进行页面设置：纸张大小为 A4，页边距对称，上、下边距各 2.5 厘米、外侧边距 2 厘米，装订线 1 厘米，页眉、页脚均距边界 1.1 厘米。

3. 文稿中包含 3 个级别的标题，其分别用不同的颜色显示。按下述要求(如表 3-1 所示)对文稿应用样式并对格式进行修改。

表 3-1 格式要求

文字/颜色	样式	格　　式
红色(章标题)	标题 1	小二号字、华文中宋、不加粗,标准深蓝色,段前 1.5 行,行距最小值 12 磅,居中,与下段同页
蓝色(用于一、、二、、三、、……标示的段落)	标题 2	小三号字、华文中宋、不加粗、标准深蓝色,段前 1 行、段后 0.5 行,行距最小值 12 磅
绿色(用于(一)、(二)、(三)……标示的段落)	标题 3	小四号字、宋体、加粗,标准深蓝色,段前 12 磅、段后 6 磅,行距最小值 12 磅
除上述三个级别标题外的所有正文(不含表格、图表及题注)	正文	仿宋体,首行缩进 2 字符、1.25 倍行距、段后 6 磅、两端对齐

4. 为文稿中用黄色底纹标出的文字"手机上网比例首超传统 PC"添加脚注，脚注位于页面底部，编号格式为①、②……，内容为"最近半年使用过台式机或笔记本，或同时使用台式机和笔记本的网民统称为传统 PC 用户"。

5. 将所给的图片 pic1. png 插入到文稿中用浅绿色底纹标出的文字"调查总体细分图示"上方的空行中，在说明文字"调查总体细分图示"左侧添加格式如"图①"、"图②"的题注，添加完毕后，将样式"题注"的格式修改为楷体、小五号、居中。在图片的上方用浅绿色底纹标出的文字的适当位置引用该题注。

6. 根据第二章中的表 1 内容生成一张如示例图 3-6 或 chart. png 所示的图表，插入表格后的空行中并居中显示。要求图表的标题、纵坐标轴和折线图的格式和位置与示例图相同。

7. 参照示例图 3-7、图 3-8 或 cover. png 所示，为文档设计封面，对前言进行适当的排版。封面和前言必须位于同一节中，且无页眉、页脚和页码。封面上的图片可取自所给的文件 Logo. jpg 并进行适当的剪裁。

8. 在前言内容和报告摘要之间插入自动目录，要求包含标题第 1~3 级及对应页码，页脚居中显示大写罗马数字Ⅰ、Ⅱ……格式的页码，起始页码为Ⅰ，且自奇数页码开始；页眉居中插入文档标题属性信息。

9. 自报告摘要开始为正文。自正文的奇数页码开始，起始页码为 1，页码格式为阿拉伯数字 1、2、3……。偶数页页眉内容依次显示：页码、一个全角空格、文档属性中的作者信息，并且这些内容全部居左显示。奇数页页眉内容依次显示：章标题、一个全角空格、页码，并且这些内容全部居右显示，在页眉内容下添加横线。

10. 将文稿中所有的西文空格删除，然后对目录进行更新。

万人
100000
75000
50000
25000
0
中国网民规模和互联网普及率
31.80%
34.30%
36.20%
38.30%
39.90%
42.10%
44.10%
45.80%
46.90%
2010.6
2010.12
2011.6
2011.12
2012.6
2012.12
2013.6
2013.12
2014.6
网民数
互联网普及率

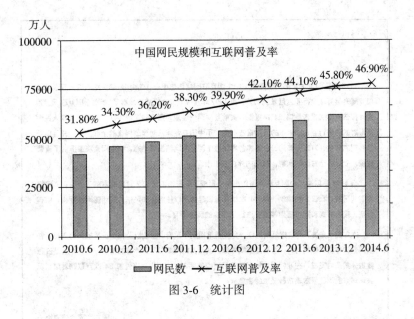

图 3-6 统计图

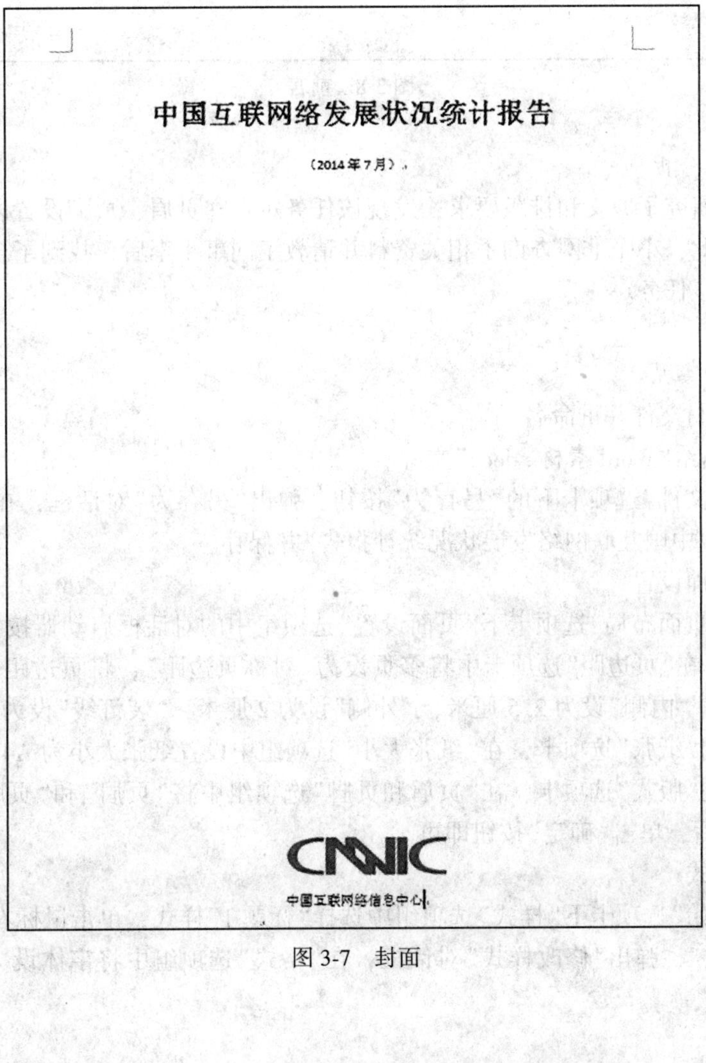

中国互联网络发展状况统计报告
（2014年7月）
CNNIC
中国互联网络信息中心

图 3-7 封面

前言

1997 年，国家主管部门研究决定由中国互联网络信息中心（CNNIC）牵头组织有关互联网单位共同开展互联网行业发展状况调查，自 1997 年至今 CNNIC 已成功发布了 33 次全国互联网发展统计报告，本次报告是第 34 次报告。当前互联网已经成为影响我国经济社会发展、改变人民生活形态的关键行业，CNNIC 的历次报告则见证了中国互联网从起步到腾飞的全部历程，并且以严谨客观的数据，为政府部门、企业等各界掌握中国互联网络发展动态、制定相关决策提供了重要依据，受到各个方面的重视，被国内外广泛引用。

自 1998 年以来，中国互联网络信息中心形成了于每年 1 月和 7 月定期发布《中国互联网络发展状况统计报告》的惯例。第 34 次统计报告延续了以往内容和风格，对我国网民规模、结构特征、接入方式和网络应用等情况进行了连续的调查研究。

本年度《报告》的数据采集工作一如既往地得到了政府、企业以及社会各界的大力支持。各项调查工作得以顺利进行；在各互联网单位、调查支持网站以及媒体等的密切配合下，基础资源数据采集及时完成。在此，谨对他们表示最衷心的感谢！同时也对接受第 34 次互联网发展状况统计调查的网民朋友表示最诚挚的谢意！

中国互联网络信息中心

2014 年 7 月

图 3-8　前言

2.2　任务分析

小张仔细研究了原文和排版要求，发现该任务难点在页眉、页脚设置以及将表格转换为折线图。为此，小张上网查询了相关资料并请教了同事小李后，找到了合适的解决方法并顺利完成了该任务。

2.3　任务实现

1. 打开素材文件并重命名

（1）打开所给"Word 素材 .docx"文件。

（2）单击"文件"选项卡下的"另存为"按钮，弹出"另存为"对话框，在该对话框中将"文件名"设为"中国互联网络发展状况统计报告"并保存。

2. 进行页面设置

（1）单击"页面布局"选项卡下"页面设置"选项组中的对话框启动器按钮，弹出"页面设置"对话框，在"页边距"选项卡中将多页设为"对称页边距"，将页边距的"上"和"下"设为 2.5 厘米，"内侧"设为 2.5 厘米，"外侧"设为 2 厘米，"装订线"设为 1 厘米。

（2）切换到"纸张"选项卡，在"纸张大小"选项组中设置纸张大小为 A4。

（3）切换到"版式"选项卡，在"页眉和页脚"选项组中将"页眉"和"页脚"设为 1.1 厘米。设置完成后，单击"确定"按钮即可。

3. 修改样式

（1）在"开始"选项卡下"样式"选项组中选择"标题 1"样式，单击鼠标右键，在快捷菜单中选择"修改"，弹出"修改样式"对话框，在"格式"选项组中将字体设为"华文中宋"，字号设为"小二"、不加粗，颜色设为"标准深蓝色"（如图 3-9 所示）。

（2）单击"修改样式"对话框下面的"格式"按钮，选择列表中的"段落"。在弹出的"段落"对话框中选择"缩放和间距"选项卡，在"常规"选项组中将"对齐方式"设为"居中"，在"间距"选项组中将"段前"设为 1.5 行、将"段后"设为 1 行（此处要注意题目要求是行，还是默认的磅，要求行的情况下输入"××行"即可），将"行距"设为最小值 12 磅。

（3）切换至"换行和分页"选项卡，在"分页"组中勾选"与下段同页"复选框，单击"确定"按钮。

（4）按住 Ctrl 键，选中所有红色的章标题，对其应用"标题 1"样式。

（5）按照以上步骤 1—4 同样的方式，设置所有蓝色的节标题（用一、、二、、三、……标示的段落）、绿色的节标题（用（一）、（二）、（三）、……标示的段落）和正文部分，其中正文部分要求 1.25 倍行距，在"段落"对话框的"间距"选项组中将"行距"设为"多倍行距"，设置值为"1.25"即可。设置完成后，对相应的标题和正文应用样式（提示：除了可以按住 Ctrl 键的同时选择标题外，还可以使用"选择格式相似的文本"功能。具体操作方法：选择第一个标题，单击"开始"选项卡下"编辑"选项组中的"选择"按钮，在弹出的下拉列表中选择"选择格式相似的文本"，即可选中所有格式类似的文本）。

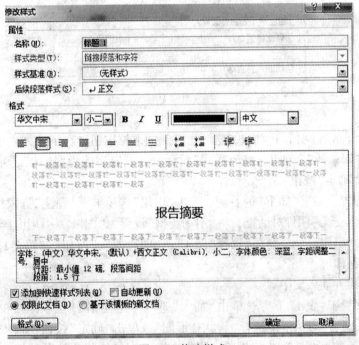

图 3-9　修改样式

4. 设置脚注

（1）选中用黄色底纹标出的文字"手机上网比例首超传统 PC"，单击"引用"选项卡下"脚注"选项组中的"插入脚注"按钮。

（2）在"脚注"选项组中单击"对话框启动器"按钮，在弹出的"脚注和尾注"对话框中将位置选择为"页面底端"，编辑格式设为"①、②、③……"，最后单击"应用"按钮。

（3）在脚注位置处输入内容"最近半年使用过台式机、笔记本或同时使用台式机和笔记本的网民统称为传统 PC 用户"。

5. 设置题注

（1）在浅绿色底纹标出的文字"调查总体细分图示"上方的空行中，单击"插入"选项卡下"插图"选项组中的"图片"按钮，弹出"插入图片"对话框，选择所给的素材图片"pic1.png"，单击"插入"按钮。

（2）将光标置于"调查总体细分图示"左侧，单击"引用"选项卡下"题注"选项组中的"插入题注"按钮，在弹出的"题注"对话框（如图 3-10 所示）中单击"新建标签"按钮，将标签设置为"图"，单击两次"确定"按钮以保存设置。

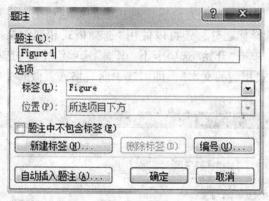

图 3-10　题注

（3）单击"开始"选项卡下"样式"选项组右侧的下拉按钮，在下拉列表中选择"题注"，单击右键，选择"修改"，弹出"修改样式"对话框，设置字体为"楷体"，字号为"小五"、"居中"，单击"确定"按钮。

（4）将光标置于文字"如下"的右侧，单击"引用"选项卡下"题注"选项组中的"交叉引用"按钮，弹出"交叉引用"对话框，将"引用类型"设置为"图"，"引用内容"设置为"只有标签和编号"，"引用哪一个题注"选择"图 1"，单击"插入"按钮（如图 3-11 所示），然后单击"关闭"按钮即可。

6. 设置图表并插入文中

（1）将光标置于"表 1"下方，单击"插入"选项卡下"插图"选项组中的"图表"按钮，在弹出的"插入图表"对话框中选择"簇状柱形图"，单击"确定"按钮（如图3-12 所示），弹出"Excel"表格，将"类别 3 和 4"删除，根据"表 1"直接复制并粘贴数据，此时不要关闭 Excel 表格，切换到 word 文档中，选中柱形图，打开"图表工具"，在"设计"选项组下的"数据"选项组中单击"切换行/列"，然后关闭 Excel 表格。

（2）将图表放大，选择红色的互联网普及率数据。单击"设计"选项卡下"类型"选项组中的"更改图表类型"按钮，在弹出的"更改图表类型"对话框中选择"折线图"，单击"确定"按钮。

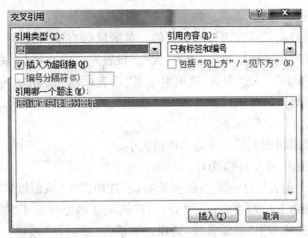

图 3-11　交叉引用

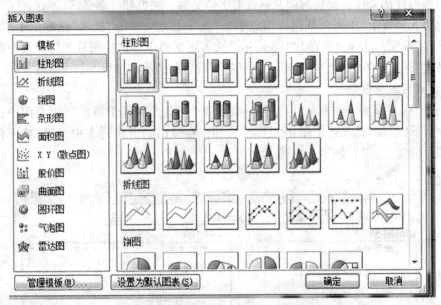

图 3-12　插入图表

（3）选中红色的互联网普及率数据，单击鼠标右键，在弹出的快捷菜单中选择"设置数据系列格式"选项，在弹出的"设置数据系列格式"对话框中选择"系列"选项，单击"次坐标轴"单选按钮；选择"数据标记"选项，单击"内置"单选按钮，选择一种标记类型"×"并适当地设置大小；选择"标记线颜色"，选择"实线"，颜色设置为绿色；选择"标记线样式"并适当地设置宽度；设置完成后，单击"关闭"按钮即可。

（4）在图表中选择左侧的垂直轴，单击鼠标右键，选择"设置坐标轴格式"，在弹出的对话框中单击"最大值"选项右侧的"固定"单选按钮，将参数设置为"100000"；单击"主要单位刻度"选项右侧的"固定"单选按钮，将参数设置为25000，单击"关闭"按钮即可。

（5）打开"图表工具"，单击"布局"选项卡下的"坐标轴标题"选项组，选择"主要纵坐标轴标题"中"旋转过的标题"选项，输入文字"万人"并调整合适位置。

（6）在图表中选择右侧的次坐标轴垂直轴，单击鼠标右键，选择"设置坐标轴格式"，在弹出的对话框中将"坐标轴标签"设置为"无"，设置完成后，单击"关闭"按钮。

（7）打开"图表工具"，在"布局"选项卡中将"图表标题"设置为"居中覆盖标题"，文字设置为"中国网民规模与互联网普及率"；"图例"选择"在底部显示图例"；选中全部绿色的×型数据标记，将"数据标签"设置为"上方"。

（8）根据题目要求将图表居中并适当调整大小。

7. 进行页面设置并插入 Logo 图片

（1）将光标置于"前言"文字前，在"页面布局"选项卡下"页面设置"选项组中单击"分隔符"按钮，在弹出的下拉列表中选择"分页符"选项。将光标置于"报告摘要"文字的前面，在"页面布局"选项卡下"页面设置"选项组中单击"分隔符"按钮，在弹出的下拉列表中选择"下一页"选项。

（2）参考样例文件，设置封面及前言的字体字号、颜色和段落格式。

（3）将光标置于"中国互联网络信息中心"文字上方，单击"插入"选项卡下"插图"组中的"图片"按钮，选择素材图片"Logo. jpg"插入到文档中。选中图片，打开"图片工具"，单击"格式"选项卡下的"大小"按钮，对其进行裁剪并适当调整大小。

8. 设置目录与页码

（1）在"报告摘要"前插入"分节符—奇数页"。将光标置于新的空白页面中，在"引用"选项卡下"目录"选项组中单击"目录"按钮，在弹出的下拉列表中选择"插入目录"选项，单击"确定"按钮，如图 3-13 所示。

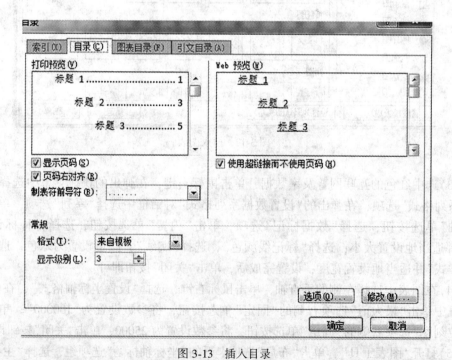

图 3-13　插入目录

(2)双击目录的第一页页脚,在"页眉和页脚工具"选项卡下的"设计"选项组中取消勾选"链接到前一条页眉",使之变成灰色按钮(如图 3-14 所示)。在"页眉和页脚"选项卡中单击"页码"按钮,在弹出的下拉列表中选择"设置页码格式"选项(如图 3-15 所示),在弹出的对话框中将"编号格式"设置为"Ⅰ,Ⅱ,Ⅲ,……",将"起始页码"设置为"Ⅰ",单击"确定"按钮。再次单击"页码"按钮,在弹出的下拉列表中选择"页面底端"|"普通数字 2"选项。

(3)将光标置于页眉中,取消勾选"链接到前一条页眉",使之变成灰色按钮。在"插入"选项卡下的"文本"选项组中单击"文档部件"按钮,在弹出的下拉列表中选择"文档属性"|"标题"选项。

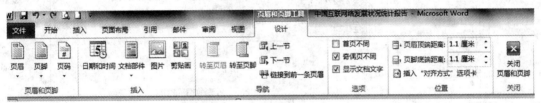

图 3-14 页眉和页脚工具

图 3-15 页码格式

9. 插入域

(1)将光标置于正文第一页的页脚中,在"导航"选项组中取消选择"链接到前一条页眉"按钮,勾选"奇偶页不同"复选框。单击"页眉和页脚工具"选项组中的"页码"下拉按钮,在下拉列表中单击"删除页码",删除原有的页码。

(2)将光标置于正文第一页的页眉中,在"导航"选项组中取消选择"链接到前一条页眉"按钮,按上文中的方法将"编号格式"设置为"1,2,3,……",将"起始页码"设置为"1"。

(3)在"页眉和页脚"选项组中单击"页码"按钮,在弹出的下拉列表中选择"页面顶端"→"普通数字 3"。

(4)继续将光标置于该页眉中页码的左侧，在"插入"选项组中单击"文档部件"按钮，在弹出的下拉列表中选择"域"，在弹出的"域"对话框中将域名设置为"StyleRef"、样式名设置为"标题 1"，单击"确定"按钮(如图 3-16 所示)。

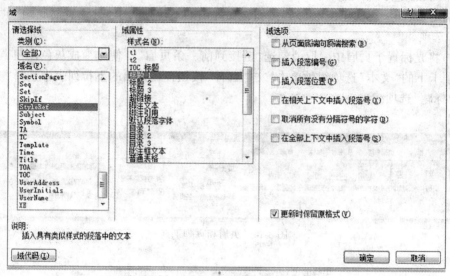

图 3-16　插入域

(5)在页码和章标题之间，按 Shift+空格键切换到全角状态，再按空格键。

(6)将光标置于正文第二页的页眉中，在"导航"选项组中取消选择"链接到前一条页眉"选项，接着在"页眉和页脚"选项组中单击"页码"按钮，在弹出的下拉列表中选择"页面顶端"→"普通数字 1"，并居左显示。

(7)继续将光标置于该页眉中页码的右侧，按 Shift+空格键切换到全角状态，再按空格键。在"插入"选项组中单击"文档部件"按钮，在弹出的下拉列表中选择"文档属性"→"作者"选项。

(8)检查目录和前言的页眉页脚。将光标定位到目录页第 2 页的页眉处，在"插入"选项组中单击"文档部件"按钮，在弹出的下拉列表中选择"文档属性"→"标题"。

(9)将光标定位到目录页第 2 页的页脚处，在"页眉和页脚"选项组中单击"页码"按钮，在弹出的下拉列表中选择"页面底端"→"普通数字 2"，最后手动删除前言页码。

(10)单击"关闭页眉和页脚"按钮。

10. 更新目录

(1)按组合键 Ctrl+H，弹出"查找和替换"对话框，在"查找内容"文本框中输入西文空格(英文状态下按空格键)，"替换为"栏内不输入，单击"全部替换"按钮。提示：在输入空格符时，需要在英文状态下输入。

(2)在"引用"选项卡下"目录"选项组中单击"更新目录"按钮，在弹出的对话框中单击"更新整个目录"单选按钮，最后单击"确定"按钮，保存文件即可。

任务三 评审会会议秩序册的制作

3.1 情境创设

北京计算机大学组织专家对《学生成绩管理系统》的需求方案进行评审，为使参会人员对会议流程和内容有清晰的了解，需要会议会务组提前制作一份有关评审会的秩序册。会务组员工小张需要根据所给的文档"需求评审会.docx"和相关素材来完成制作任务，具体要求如下：

1. 将素材文件"需求评审会.docx"另存为"评审会会议秩序册.docx"，以下操作均基于该文档进行。

2. 设置页面的纸张大小为 16 开，页边距上下为 2.8 厘米、左右为 3 厘米，并指定文档每页为 36 行。

3. 会议秩序册由封面、目录、正文三大块内容组成。其中，正文又分为四个部分，每部分的标题已经以中文大写数字一、二、三、四……进行编排。要求将封面、目录以及正文中包含的四个部分分别独立设置为 Word 文档的一节。页码编排要求为：封面无页码；目录才用罗马数字编排；正文从第一部分内容开始连续编码，起始页码为 1（如采用格式-1-），页码设置在页脚右侧位置。

4. 按照图 3-17 或素材中"封面.jpg"所示的样例，将封面上的文字"北京计算机大学《学生成绩管理系统》需求评审会"设置为二号、华文中宋；将文字"会议秩序册"放置在一个文本框中，设置为竖排文字、华文中宋、小一；将其余的文字设置为四号、仿宋，并调整到页面合适位置。

5. 将正文中的标题"一、报到、会务组"设置为一级标题，其格式设置为单倍行距、悬挂缩进 2 字符、段前段后为自动，并以自动编号格式"一、二、……"替代原来的手动编号。其他三个标题"二、会议须知"、"三、会议安排"、"四、专家及会议代表名单"格式，均参照第一个标题的格式来设置。

6. 将第一部分（"一、报到、会务组"）和第二部分（"二、会议须知"）中的正文内容设置为宋体、五号，行距为固定值、16 磅，左右各缩进 2 字符，首行缩进 2 字符，对齐方式为左对齐。

7. 参照图 3-18 或素材图片"表 1.jpg"中的样例完成会议安排表的制作，并插入到第三部分的相应位置，格式要求：合并单元格，序号自动排序并居中，表格标题行才用黑体。表格中的内容可从素材文档"秩序册文本素材.docx"中获得。

8. 参照图 3-19 或素材图片"表 2.jpg"中的样例完成专家及与会代表名单的制作，并插入到第四部分的相应位置。格式要求：合并单元格，序号自动排序居中，适当调整行高（其中样例中彩色填充的行要求大于 1 厘米），为单元格填充颜色，所有列内容水平居中，表格标题行才用黑体。表格中的内容可从素材文档"秩序册文本素材.docx"中获取。

9. 根据素材文档中的要求自动生成文档的目录，插入到目录页中相应的位置，并将目录内容设置为四号字。

北京计算机大学《学生成绩管理系统》

需求评审会

会
议
秩
序
册

主办单位：北京计算机大学

协办单位：北京电子大学

二〇一三年三月

图 3-17　封面

序号	时间	内容	主持人
1	13:30—14:40	宣布会议开始并介绍与会人员	
2		承研单位汇报《学生成绩管理系统》需求分析基本情况	
3	14:50—16:50	专家审查有关资料	
4		提问解答	郝仁
5		专家组讨论、拟定评审意见	
6		专家组宣布审查意见	
7	17:00—17:10	领导讲话	
8		宣布会议结束	

图 3-18　会议安排表

序号	姓名	单位	职务	联系电话
专家组				
1	孙上庆	清华大学	教授	1821123××××
2	郑璐萱	北京大学	教授	1341234××××
3	顾元时	清华大学	教授	1331234××××
4	陈诚辰	中国科学院	总工	1891234××××
5	龙兴纪	北京大学	教授	1368765××××
6	刘平	邮电大学	高工	1346743××××
7	邓等时	石油大学	高工	1345756××××
8	雷可刊	电子科技学院	教授	1387658××××
与会代表				
1	叶盛飞	北京计算机大学	教授	1343456××××
2	苏海	北京计算机大学	副教授	1527654××××
3	赵清平	北京计算机大学	副教授	1374567××××
4	鲁海德	北京计算机大学	讲师	1881234××××
5	封天田	北京计算机大学	讲师	1868765××××
6	王明敏	北京电子大学	教授	1801278××××
7	赵照	北京电子大学	副教授	1829877××××
8	徐东阿	北京电子大学	讲师	1332456××××
9	李丽黎	北京电子大学	助教	1351234××××

图 3-19　专家组及与会代表名单

3.2　任务分析

该任务主要涉及 Word 的基本操作：字体、段落、页面设置；表格的使用和美化；页脚、页码的设置；标题的设置、目录的生成等。小张的 Word 操作的基本功扎实，很快就完成了任务，效果如图 3-17、图 3-18、图 3-19 所示。

3.3　任务实现

1. 打开素材文件并重命名

(1) 打开所给的"需求评审会.docx"素材文件。

(2) 根据题目要求，单击"文件"选项卡下的"另存为"按钮，弹出"另存为"对话框，在该对话框中将"文件名"设置为"评审会会议秩序册.docx"并保存。

2. 进行页面设置

(1) 单击"页面布局"选项卡下"页面设置"选项组中的对话框启动器按钮，在弹出的"页面设置"对话框中单击"纸张"选项卡，在"纸张大小"下拉列表中选择"16 开(18.4×26

厘米)"选项。

(2)切换至"页边距"选项卡，将页边距"上"、"下"、"左"、"右"微调框分别设置为2.8厘米、2.8厘米、3厘米、3厘米。切换至"文档网格"选项卡，选择"网格"选项组中的"只指定行网格"单选按钮，将"行数"选项组下的"每页"微调框设置为36，单击"确定"按钮。

3. 设置页码

(1)将光标置于"二〇一三年三月"的右侧，单击"页面布局"选项卡下"页面设置"选项组中的"分隔符"下拉按钮，在弹出的下拉列表中选择"分节符"选项组中的"下一页"选项。

(2)将光标置于标黄部分中的"四、专家及会议代表名单6"的右侧，单击"页面布局"选项卡下"页面设置"选项组中的"分隔符"下拉按钮，在弹出的下拉列表中选择"分节符"选项组中的"下一页"选项。使用同样的方法，将正文的四个部分进行分节。

(3)双击第3页的页脚部分，打开"页眉和页脚工具"选项卡，单击"页眉和页脚"选项组中的"页码"下拉按钮，在弹出的下拉列表中选择"删除页码"命令。

(4)确定光标处于第三页中的页脚中，单击"导航"选项组中的"链接到前一条页眉"按钮。单击"页眉和页脚"选项组中的"页码"下拉按钮，在弹出的下拉列表中选择"设置页码格式"选项，弹出的"页码格式"对话框，单击"页码编号"选项组中的"起始页码"单选按钮，并将起始页码设置为1，单击"确定"按钮。

(5)单击"页眉和页脚"选项组中的"页码"下拉按钮，在弹出的下拉列表中选择"页面底端"级联菜单中的"普通数字3"选项。

(6)将光标定位在目录页脚中，单击"导航"选项组中的"链接到前一条页眉"按钮。按上述同样的方式打开"页码格式"对话框，在"编号格式"下拉列表选择罗马数字"Ⅰ、Ⅱ、Ⅲ……"。将"起始页码"设置为"1"，并设置页码为"页面底端"中的"普通数字3"，最后单击"关闭页眉和页脚"按钮。

4. 插入素材图片与文本

(1)打开所给的"封面.jpg"素材文件，根据提供的素材图片来设置文档的封面。在文档中选择第一页的所有文字，在"开始"选项卡下的"段落"组中单击"居中"按钮。

(2)将光标置入"北京计算机大学《学生成绩管理系统》"右侧，按 Enter 键。然后选中文字"北京计算机大学《学生成绩管理系统》需求评审会"，在"开始"选项卡下的"字体"选项组中将"字体"设置为"华文中宋"，将"字号"设置为"二号"。

(3)将光标定位在"需求评审会"后方按 Enter 键，单击"插入"选项下的"文本"选项组中的"文本框"下拉按钮，在弹出的下拉列表中选择"绘制竖排文本框"选项。在文档中"需求评审会"下方绘制竖排文本框，单击"样式"选项卡下"形状样式"选项组中的"形状轮廓"下拉按钮，在弹出的下拉列表中选择"无轮廓"选项。

(3)将"会议秩序册"剪切到绘制的竖排文本框内，选中文本框内的文字，在"开始"选项卡下的"字体"选项组中将"字体"设置为"华文中宋"，将"字号"设置为"小一"。

(5)适当调整文本框的位置。选择封面中剩余的文字，在"开始"选项卡下的"字体"选项组中将"字体"设置为"仿宋"，将"字号"设置为"四号"并调整到页面中合适的位置。

5. 设置标题样式

(1)选择"一、报到、会务组"文字,在"开始"选项卡下的"样式"选项组中选择"标题1"选项。

(2)确定"一、报到、会务组"处于选择状态,单击"段落"选项组中的对话框启动器按钮,在弹出的对话框中切换至"缩进和间距"选项卡,将"缩进"选项组中的"特殊格式"设置为"悬挂缩进",将"磅值"设置为2字符,将"行距"设置为单倍行距,将"段前"、"段后"均设置为自动,单击"确定"按钮。

(3)确定文字处于选中状态,单击"段落"选项组中的"编号"右侧的下三角按钮,在弹出的下拉列表中选择题目要求的编号。

(4)将其他三个标题的编号删除,选中文字"一、报到、会务组",单击"开始"选项卡下的"格式刷"按钮,然后应用于余下的三个标题即可。

6. 设置段落格式

(1)按住Ctrl键的同时选择第一部分和第二部分的正文内容,在"开始"选项卡下的"字体"选项组中将"字体"设置为宋体,将"字号"设置为五号。

(2)确定第一部分和第二部分的正文内容处于选中状态,单击"段落"选项组中的对话框启动器按钮,在弹出的"段落"对话框中将"特殊格式"设置为首行缩进,将"磅值"设置为2字符,将"缩进"选项组下的"左侧"、"右侧"均设置为2字符。将"行距"设置为"固定值",将值设置为16磅。在"常规"选项组中将"对齐方式"设置为左对齐,最后单击"确定"按钮。

7. 在第三部分插入表格并设置格式

(1)选中第三部分标黄的文字,将文字删除。单击"插入"选项卡下"表格"组中的"表格"下拉按钮,在弹出的下拉列表中选择"插入表格"选项。

(2)在弹出的对话框中将"行数"、"列数"分别设置为2、4,其他保持默认设置,单击"确定"按钮。

(3)插入表格后,适当调整表格的行高和列宽,在表格的第一行单元格内参照素材图3-18所示来输入文字。选中标题行,在"开始"选项卡下的"字体"组中将"字体"设置为黑体。单击"表格工具"→"布局"(如图3-20所示)→"对齐方式",最后单击"水平居中"按钮。

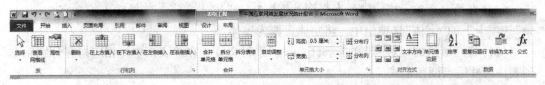

图 3-20　表格工具

(4)将光标置入第2行第1列单元格内,单击"开始"选项卡下"段落"选项组中的"编号"右侧的下三角按钮,在弹出的下拉列表中选择"定义新编号格式"选项。在弹出的"定义新编号格式"对话框中将"编号样式"设置为"1,2,3……","编号格式"设置为1,"对齐方式"设置为居中,最后单击"确定"按钮。

（5）然后将光标置入第 2 行表格的右侧，按 Enter 键来新建行。

（6）选中第 2 列单元格中的第 1、第 2 行单元格，打开"表格工具"，单击"布局"选项卡下"合并"选项组中的"合并单元格"按钮。

（7）参考素材文件，使用同样的方法，将其他单元格进行合并，然后打开所给的"秩序册文本素材 .docx"素材文件，将其中的相应内容复制并粘贴到表格中。

（8）选择第 1 行所有单元格，单击"设计"选项卡下"表格样式"选项组中的"底纹"下拉按钮，在弹出的下拉列表中选择"主题颜色"中的"白色，背景 1，深色 25%"。

8. 在第四部分插入表格并设置格式

（1）选中第四部分中标黄的文字，将文字删除，单击"插入"选项卡下"表格"选项组中的"表格"按钮，在弹出的下拉列表中选择"插入表格"选项。在弹出的"插入表格"对话框中将"列数"、"行数"分别设置为 5、3，最后单击"确定"按钮以插入表格。

（2）选择第 1 行所有单元格，打开"表格工具"，在"布局"选项卡下的"单元格大小"选项组中将表格"高度"设置为 1 厘米。

（3）使用同样的方法将第 2 行、第 3 行单元格的行高分别设置为 1.2 厘米、0.8 厘米。

（4）选中第 2 行所有的单元格，单击"布局"选项卡下"合并"选项组中的"合并单元格"按钮，然后选中整个表格，单击"对齐方式"选项组中的"水平居中"按钮。

（5）将光标置于第 3 行第 1 列单元格中，单击"开始"选项卡"段落"选项组中的"编号"右侧的下三角按钮，在弹出的下拉列表中选择我们在第 7 步中设置的编号。

（6）选中插入的标号，单击鼠标右键，在弹出的快捷菜单中选择"重现开始于 1"选项。

（7）将光标置于第 3 行单元格的右侧，分别按 18 次 Enter 键。

（8）选择编号为 9 所在行的所有单元格，单击"布局"选项卡下"合并"选项组中的"合并单元格"按钮。在"单元格大小"选项组中将"高度"设置为 1.2 厘米。

（9）确定合并后的单元格处于选择状态，单击鼠标右键，在弹出的快捷菜单中选择"边框和底纹"选项，在弹出的"边框和底纹"对话框中选择"底纹"选项卡，单击"填充"选项组的下拉按钮，在弹出的下拉列表中选择"主题颜色"中的"橙色，强调文字颜色 6，深色 25%"选项。使用同样的方法，将第一次合并的单元格的底纹颜色设置为"标准色"中的"深红"。

（10）在第一行单元格内参照素材图片"表 2.jpg"输入文字，选择输入的文字，在"开始"选项卡下的"字体"选项组中，将字体设置为黑体。

（11）打开所给的"秩序册文本素材 .docx"素材文件，在该文档中将相应内容分别粘贴到表格内并适当调整格式。

9. 调整目录

（1）将目录页中的黄色部分删除，单击"引用"选项卡下"目录"选项组中的"目录"下拉按钮，在弹出的下拉列表中选择"插入目录"选项。

（2）在弹出的"目录"对话框中保持默认设置，单击"确定"按钮。

（3）选中目录内容，单击"开始"选项卡下"字体"选项组中的"字号"下拉按钮，将"字号"设置为"四号"。

任务四 公司年度报告的制作

4.1 情境创设

财务部助理小张需要协助公司管理层制作本财年的年度报告，他应按照如下需求来完成报告的制作：

1. 打开"word 素材 . docx"文件，将其另存为"Word. docx"，之后的所有操作均基于该文件来完成。

2. 查看文档中含有绿色标记的标题，例如"致我们的股东"、"财务要点"等，将其段落格式赋予到本文样式库中的"样式 1"。

3. 修改"样式 1"，设置其文字格式为黑色、黑体，并为该样式添加 0.5 磅的黑色、单线条下划线边框，该下划线边框应用于"样式 1"所匹配的段落，将"样式 1"重新命名为"报告标题 1"。

4. 将文档中所有含有绿色标记的标题文字段落应用"报告标题 1"样式。

5. 在文档的第 1 页和第 2 页之间插入新的空白页，并将文档目录插入到该页中。文档目录要求包含页码，并仅包含"报告标题 1"样式所示的标题文字。对自动生成的目录标题"目录"段落应用"目录标题"样式。

6. 因为财务数据信息较多，因此设置文档第 5 页"现金流量表"段落区域内的表格标题行可以自动出现在表格所在页面的表头位置。

7. 在"产品销售一览表"段落区域的表格下方，插入一张产品销售分析图，图表样式请参考图 3-21 或"分析图样例 . jpg"文件所示，并将图表调整到与文档页面宽度相匹配。

8. 修改文档页眉，要求文档第 1 页不包含页眉，文档目录不包含页码，从文档第 3 页开始在页眉的左侧区域包含页码，在页眉的右侧区域自动填写该页中"报告标题 1"样式所示的标题文字。

9. 为文档添加水印，水印文字为"机密"，并设置为斜式版式。

10. 根据文档内容变化，更新文档目录的内容与页码。

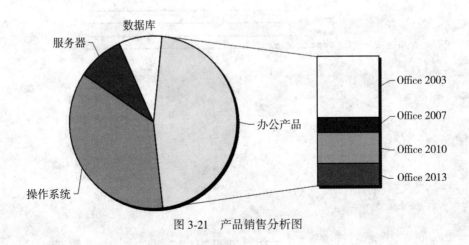

图 3-21　产品销售分析图

4.2 任务分析

小张打开素材文件，仔细分析了排版要求和最终效果图，认为该任务的难点在于：①将 Word 文档中的表格转换成饼图或折线图；②分节设置页眉、页脚；③在页眉中动态插入文档的标题信息。为此，小张上网查询了相关资料并请教了有经验的同事后，很快就顺利完成了该任务。最终效果如图 3-22、图 3-23、图 3-24 所示。

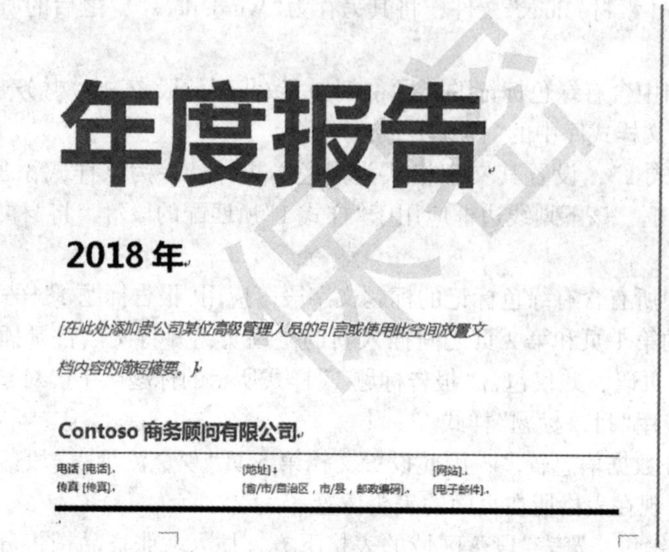
年度报告

2018 年

[在此处添加贵公司某位高级管理人员的引言或使用此空间放置文档内容的简短摘要。]

Contoso 商务顾问有限公司

电话 [电话]　[地址]　[网站]
传真 [传真]　[省/市/自治区，市/县，邮政编码]　[电子邮件]

图 3-22　年度报告封面

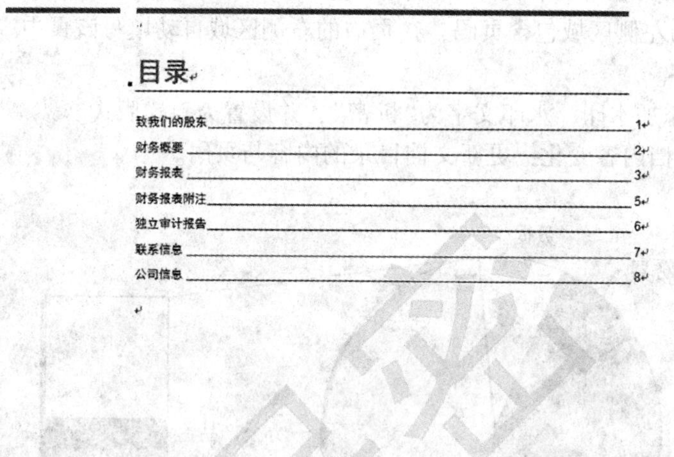
目录

图 3-23　年度报告目录

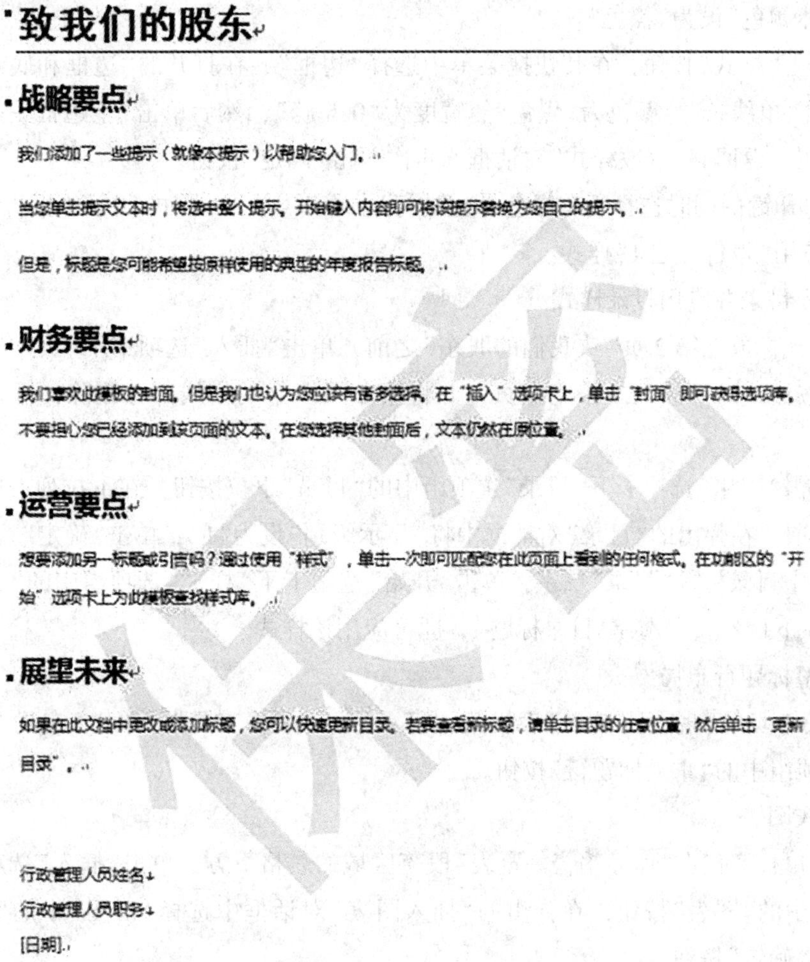

致我们的股东

战略要点

我们添加了一些提示（就像本提示）以帮助您入门。

当您单击提示文本时，将选中整个提示。开始键入内容即可将该提示替换为您自己的提示。

但是，标题是您可能希望按原样使用的典型的年度报告标题。

财务要点

我们喜欢此模板的封面，但是我们也认为您应该有诸多选择。在“插入”选项卡上，单击“封面”即可获得选项库。不要担心您已经添加到该页面的文本。在您选择其他封面后，文本仍然在原位置。

运营要点

想要添加另一标题或引言吗？通过使用“样式”，单击一次即可匹配您在此页面上看到的任何格式。在功能区的“开始”选项卡上为此模板查找样式库。

展望未来

如果在此文档中更改或添加标题，您可以快速更新目录。若要查看新标题，请单击目录的任意位置，然后单击“更新目录”。

行政管理人员姓名

行政管理人员职务

[日期]

图 3-24　年度报告正文(节选)

4.3　任务实现

1. 打开素材文件并重命名

(1)打开“word 素材 . docx”文件。

(2)选择“文件”选项卡，在下拉列表中单击“另存为”，在弹出的“另存为”对话框中的文件名项中输入“Word. docx”，单击“确定”按钮。

2. 应用样式

按住 Ctrl 键的同时用鼠标选中所有绿色标题文字，切换到“开始”选项卡，在“样式”选项组中单击“其他”下三角按钮，在弹出的下拉列表中选择“应用样式”命令，在弹出的“应用样式”对话框中选择“样式 1”，单击“重新应用”按钮。

3. 修改标题样式并应用

(1)选中“样式”中的“标题 1”按钮，单击鼠标右键，在弹出的快捷菜单中选择“修改”

按钮，在弹出的"修改样式"对话框中将"名称"修改为"报告标题1"，将"字体"设为"黑体"、"字体颜色"设为"黑色"。

（2）单击"格式"按钮，在其快捷菜单中选择"边框"，在打开的"边框和底纹"对话框中依次设置"单线条"、颜色为"黑色"、宽度为"0.5磅"，然后单击"下边框"按钮，单击"确定"按钮。返回到"修改样式"对话框，再次单击"确定"按钮。

按住Ctrl键的同时选择所有绿色标记的标题文字，单击"样式"中的"报告标题1"按钮，对其应用"报告标题1"样式。

4. 插入目录并应用目录样式

（1）把光标放在第2页"致我们的股东"之前，单击"插入"选项卡下"页"选项组中的"空白页"按钮，即可插入一张空白页，并将第2页多余的横线部分删除，输入文字"目录"。

（2）单击"引用"选项卡下"目录"选项组中的"目录"下拉按钮，在下拉列表中选择"插入目录"选项，在弹出的"目录"对话框中将"显示级别"设为"1"，单击"确定"按钮。

（3）选中目录标题"目录"二字，单击"开始"选项卡下"样式"选项组中的"其他"下三角按钮，在下拉列表中选择"目录标题"，即可应用该样式。

5. 调整标题行布局

选中第5页的"现金流量表"表格第一行，打开"表格工具"，单击"布局"选项卡下"数据"选项组中的"重复标题行"按钮。

6. 插入图表

（1）将鼠标定位在"产品销售一览表"段落区域的表格下方，单击"插入"选项卡下"插图"选项组中的"图表"按钮，在弹出的"插入图表"对话框中选择"饼图"中的"复合条饼图"，单击"确定"按钮。

（2）将表格数据复制到饼图的数据表里，关闭Excel表格。

（3）选中饼图，打开"图表工具"，单击"布局"选项卡下"标签"选项组中的"数据标签"按钮，在弹出的下拉列表中选择"其他数据标签选项"命令。

（4）在弹出的"设置数据标签格式"对话框中的"标签包括"选项组下，勾选"类别名称"复选框，取消勾选"值"复选框。将"标签位置"设为"数据标签外"，单击"关闭"按钮。

（5）选中饼图中的数据，单击鼠标右键，在弹出的快捷菜单中选择"设置数据系列格式"，在弹出的"设置数据系列格式"对话框中将"系列分割依据"设为"位置"，将"第二绘图区包含最后一个"设为4，单击"关闭"按钮。

（6）选中饼图，打开"图表工具"，单击"布局"选项卡下"标签"选项组中的"图例"下拉按钮，在下拉列表中选择"无"。

（7）适当调整图表位置，使之与文档页面宽度相匹配。

7. 设置页眉样式

（1）将光标置于"致我们的股东"之前，单击"页面布局"选项卡下"页面设置"选项组中的"分隔符"按钮，在下拉列表中选择"分节符"—"连续"。

（2）双击第3页页眉位置，使其处于编辑状态，打开"页眉和页脚工具"，单击"设计"选项卡下"导航"选项组中的"链接到前一条页面"按钮，取消选中的链接。然后将第2页目录中的页码文字删除，再把第1页中页眉中所有内容删除。

（3）切换到第3页的页眉位置，单击"插入"选项卡下"文本"选项组中的"文档部件"按钮，在其下拉列表中选择"域"选择，在弹出的"域"对话框中将"域名"设为"StyleRef"，将"域属性"中的"样式名"设置为"报告标题1"。选中标题，将其放到右侧。

8. 添加水印

单击"页面布局"选项卡下"页面背景"选项组中的"水印"下拉按钮，在下拉列表中选择"自定义水印"，在弹出的"水印"对话框中选择"文字水印"，设置文字为"机密"，版式为"斜式"，单击"确定"按钮，即能为每页添加水印。

9. 更新目录

将光标定位在目录中，单击"引用"选项卡下"目录"选项组中的"更新目录"按钮，在弹出的"更新目录"对话框中选择"更新整个目录"按钮，最后单击"确定"按钮。

任务五　给学生家长的信的制作

5.1　情境创设

北京明华中学学生发展中心的小张老师负责向校本部及相关分校的学生家长传达有关学生儿童医保扣款方式更新的通知。该通知需要下发至每位学生，并请家长填写回执。小张需要参照图3-25~图3-29所示，按照下列要求来编排家长信及回执。

1. 将所给的"Word素材.docx"文件另存为"Word.docx"，后续操作均基于此文件。

2. 进行页面设置：将纸张方向设为横向、纸张大小设为A3（宽42厘米×高29.7厘米），上、下边距均设为2.5厘米，左、右边距设为2.0厘米，页眉、页脚分别距边界1.2厘米。要求在每张A3纸上从左到右顺序打印两页内容，左右两页均于页面底部中间显示格式为"-1-、-2-"类型的页码，页码自1开始。

3. 插入"空白（三栏）"型页眉，在左侧的内容控件中输入学校名称"北京明华中学"，删除中间的内容控件，在右侧插入所给的图片logo.jpg代替原来的内容控件，适当缩小图片，使其与学校名称高度匹配。将页眉下方的分隔线设为标准红色、2.25磅、上宽下细的双线型。

4. 将文中所有的空白段落删除，然后按下列要求（如表3-2所示）为指定段落应用相应的样式：

表 3-2　　　　　　　　　　　　　　　段落样式或格式要求

段　　落	样式或格式
文章标题"致学生儿童家长的一封信"	标题
"一、二、三、四、五、"所示标题段落	标题 1
"附件 1、附件 2、附件 3、附件 4"所示标题段落	标题 2
除上述标题行及蓝色的信件抬头段外，其他正文格式	仿宋、小四号，首行缩进 2 字符，段前间距 0.5 行，行间距 1.25 倍
信件的落款（三行）	居右显示

5. 参考"附件 1：学校、托幼机构'一小'缴费经办流程图"下面用灰色底纹标出的文字，根据图 3-27 或所给的样例文件来绘制相关的流程图，要求：除了右侧的两个图形之外，其他各图形之间使用连接线，连接线将会随图形的移动而自动伸缩，中间的图形应沿垂坠方向左右居中。

6. 将"附件 3：学生儿童'一小'银行缴费常见问题"下的绿色文本转换为表格，并参照图 3-28 或所给的样例文件进行版式设计，调整其字体、字号、颜色、对齐方式和缩进方式，使其有别于正文。合并表格同类项，套用一个合适的表格样式，然后将表格整体居中。

7. 令每个附件标题所在的段落前自动分页，调整流程图使其与附件 1 标题行合计占一页。然后在信件正文之后（黄色底纹标示处）插入有关附件的目录，不显示页码，且目录内容能够随着文章的变化而更新。最后删除素材中用于提示的多余文字。

8. 在信件抬头的"尊敬的"和"学生儿童家长"之间插入学生姓名；在"附件 4：关于办理学生医保缴费银行卡通知的回执"下方的"学校："、"年级和班级："（显示为"初三（1）班"格式）、"学号："、"学生姓名："后分别插入相关信息，其中学校、年级、班级、学号、学生姓名等信息存放在所给文档"学生档案.xlsx"中。在下方将制作好的回执复制一份，将其中"（此联家长留存）"改为"（此联学校留存）"，在两份回执之间绘制一条剪裁线，并保证两份回执在一页上，如图 3-29 所示。

9. 仅为其中所有初三年级的每位在校状态为"在读"的女生生成家长通知，通知包含家长信的主体、所有附件、回执。要求每封信中只能包含一位学生信息。将所有通知页面另外以文件名"正式通知.docx"保存（如有必要，应删除文档中的空白页面）。

北京明华中学

致学生儿童家长的一封信

尊敬的 ＿＿＿＿（姓名）＿＿＿＿学生儿童家长：

医保政策一直备受大家的关注。为此，近年来市委、市政府出台了一系列保障民生、改善民生的重要举措，实现了基本医疗保险制度的全覆盖。为了统一"一老"、"一小"、无业居民医疗保险缴费时间、待遇标准，同时提高学生儿童基本医疗保障水平，北京市将自 2015 年 1 月 1 日启动新的北京市城镇居民基本医疗保险政策。学生儿童医疗保险（简称一老一小）的缴费方式也自今年起发生了变化，现将相关政策进行告知。

一、学生儿童参保人员范围

具有本市非农业户籍且在本市行政区域内的小学、初中、高中、中等专业学校、技工学校、中等职业技术学校、特殊学校、工读学校和各类普通高等院校（全日制学历教育）就读的在册学生，以及年龄在 16 周岁以下非在校少年儿童、托幼机构和散居婴幼儿。包括以下人员：

1. 在本市各类全日制普通高校（包括民办高校）、科研院所中接受普通高等学历教育的非在职非北京生源的学生；

2. 在京接受义务教育的华侨适龄子女；

3. 经国家和市有关部门批准，在本市学校开设的新疆班和西藏班就读的学生，以及在北京西藏中学就读的学生；

4. 具有本市非农业户籍在外省市就读且没有参加当地公费医疗或基本医疗保险的学生；

5. 具有本市非农业户籍在国外或港澳台地区就读的学生。

图 3-25　致学生儿童家长的一封信(1)

北京明华中学

3. 家长登录北京市社会保险网上服务平台（http：//www.bjrbj.gov.cn/csibiz/），录入用于缴费的卡、折等相关信息，北京市要求此工作在 2015 年 6 月 15 日之前完成，建议家长尽早完成。

4. 2015 年 9 月银行第一次扣款后，家长请于 9 月 29 日后到开户银行查询扣款是否成功。对于扣款不成功的，请及时核对扣款失败原因，以便 10 月、11 月再次补扣款。11 月仍然扣款不成功将不能享受 2016 年医疗保险待遇。

扣款失败原因分析：

➤ "余额不足"：需于次月 20 日前到银行存入足额现金。

➤ "账户与姓名不匹配"或"无此账户"：需于次月 19 日前登录北京市社会保险网上服务平台仔细核对并修改扣款信息。

➤ "其他"：需于次月 19 日前与开户银行核实卡、折是否能够正常扣款，并登录北京市社会保险网上服务平台核对并修改扣款信息。

➤ 参保信息有误的，通过学校进行修改。

海淀区社会保险基金管理中心
明华中学学生发展中心
二〇一五年四月十八日

附件：

附件1：学校、托幼机构"一小"缴费经办流程图

附件2：家长网上修改扣款信息操作步骤示意图

附件3：学生儿童"一小"银行缴费常见问题

附件4：关于办理学生医保缴费银行卡通知的回执

图 3-26　致学生儿童家长的一封信(2)

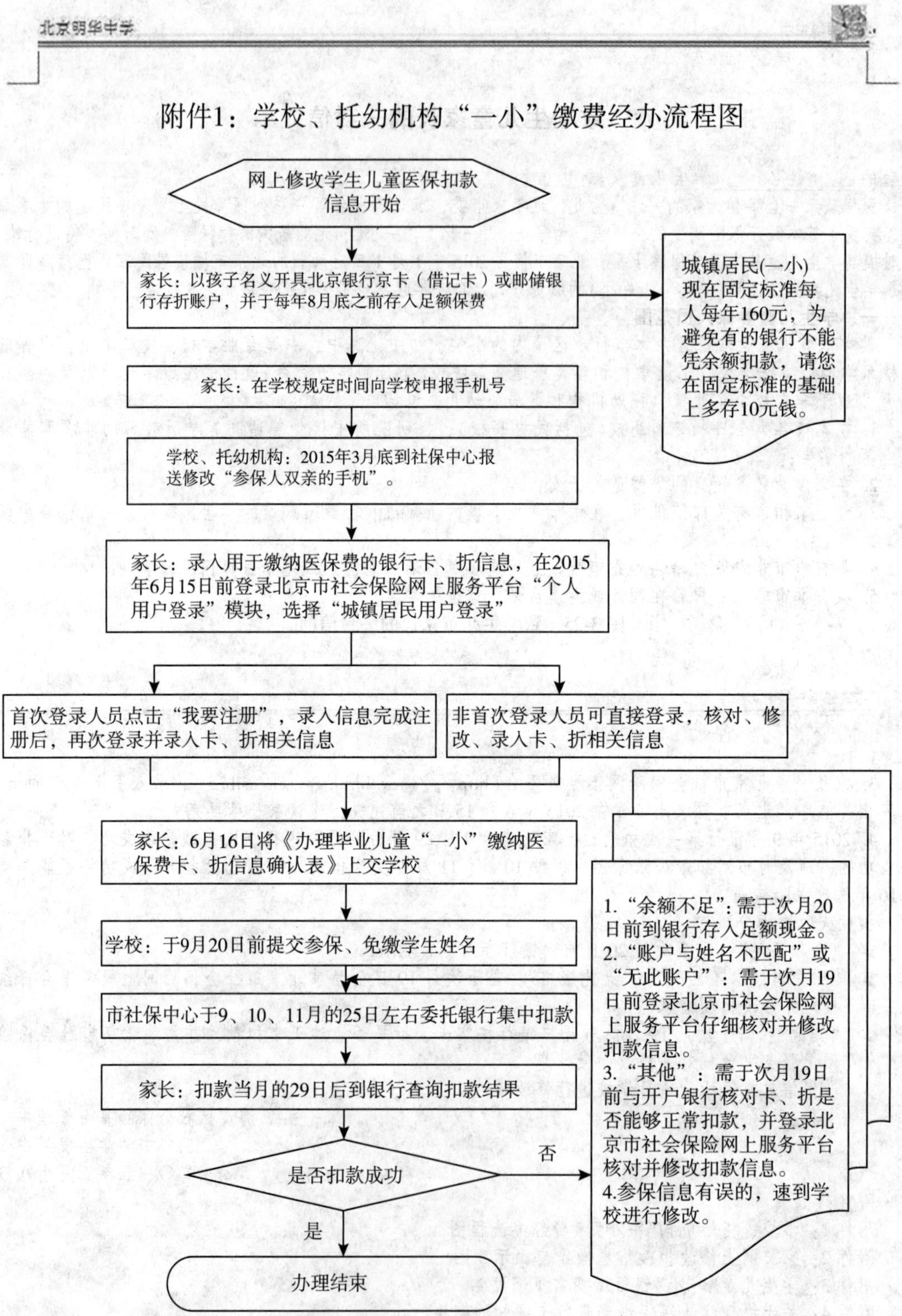

附件1：学校、托幼机构"一小"缴费经办流程图

网上修改学生儿童医保扣款信息开始

家长：以孩子名义开具北京银行京卡（借记卡）或邮储银行存折账户，并于每年8月底之前存入足额保费

城镇居民(一小)现在固定标准每人每年160元，为避免有的银行不能凭余额扣款，请您在固定标准的基础上多存10元钱。

家长：在学校规定时间向学校申报手机号

学校、托幼机构：2015年3月底到社保中心报送修改"参保人双亲的手机"。

家长：录入用于缴纳医保费的银行卡、折信息，在2015年6月15日前登录北京市社会保险网上服务平台"个人用户登录"模块，选择"城镇居民用户登录"

首次登录人员点击"我要注册"，录入信息完成注册后，再次登录并录入卡、折相关信息

非首次登录人员可直接登录，核对、修改、录入卡、折相关信息

家长：6月16日将《办理毕业儿童"一小"缴纳医保费卡、折信息确认表》上交学校

学校：于9月20日前提交参保、免缴学生姓名

市社保中心于9、10、11月的25日左右委托银行集中扣款

家长：扣款当月的29日后到银行查询扣款结果

是否扣款成功

否

1. "余额不足"：需于次月20日前到银行存入足额现金。
2. "账户与姓名不匹配"或"无此账户"：需于次月19日前登录北京市社会保险网上服务平台仔细核对并修改扣款信息。
3. "其他"：需于次月19日前与开户银行核对卡、折是否能够正常扣款，并登录北京市社会保险网上服务平台核对并修改扣款信息。
4. 参保信息有误的，速到学校进行修改。

是

办理结束

图 3-27

附件 3：学生儿童"一小"银行缴款常见问题

1. 家长如何为孩子开卡？

家长需要携带自己的身份证，全家的户口本(或孩子的出生证明)，到北京银行或者中国邮政储蓄银行用孩子的名字开户办理活期储蓄卡或者存折，并告知银行工作人员开卡目的是为孩子办理一老一小医保缴费卡或者存折。

2. 免缴费的人员还采集手机号码吗？何时报免缴费？

免缴费人员需要进行手机号采集，但是不用家长在网上申报缴费卡、折信息。学校可让家长在《办理学生儿童"一小"缴纳医保费卡、折信息确认表》上注明免缴费，并附相关免缴材料复印件。

3. 家长如何在网上申报缴费卡、折信息？

信息项目	以孩子名义开的卡、折	以孩子亲属名义开的卡、折
缴费方式	银行缴费	
缴费银行	选择开卡、折的银行	
开户证件类型	选择"身份证"	
开户证件号码	录入学生的身份证号码	录入学生亲属的身份证号码
缴费银行卡号或存折号	录入扣款卡、折的账号	录入学生亲属的扣款卡、折的账号
参保人员亲属姓名	可以不录入	录入开卡、折亲属的信息，所有有关亲属的项目都要录入

图 3-28

5.2　任务分析

小张打开素材文件，仔细分析了排版要求和效果图，对整个排版任务有了清晰的把握。该任务基本涵盖了 Word 的常规操作和一些实用的高级技巧。小张找到了该任务的难点并做好了前期准备：①SmartArt 图形的使用和美化；②表格的美化；③分节设置页眉页脚；④邮件合并的使用。经过小张的精心排版，最后顺利完成了该任务。

5.3　任务实现

1. 打开素材文件并重命名

(1)打开"Word 素材.docx"文件。

(2)单击"文件"选项卡下的"另存为"按钮，在弹出的"另存为"对话框中将"文件名"设为"Word"并保存。

2. 插入页码

(1)单击"页面布局"选项卡下"页面设置"选项组中的对话框启动器按钮，弹出"页面设置"对话框，将"纸张方向"设为"横向"，将"页码范围"选项组中的"多页"设为"拼页"；在"页边距"选项组中将"上""下"设为"2.5 厘米"，"左""右"(此时变为"外侧"和"内侧")设为"2 厘米"。

附件 4：关于办理学生医保缴费银行卡通知的回执

(此联家长留存)

　我已阅读家长信，能如期报送家长姓名和手机号，并按照要求办理北京银行卡(借记卡)或邮政储蓄存折，及时存入至少一个年度的医保费(160+10 元)

　学　校：　　　　　　　年级和班级：

　学　号：　　　　　　　学生姓名：

　家长手机号：　　　　　家长签字：

　　　　　　　　　　　　　　　　　　　　　　　　　年　月　日

关于办理学生医保缴费银行卡通知的回执

(此联学校留存)

　我已阅读家长信，能如期报送家长姓名和手机号，并按照要求办理北京银行卡(借记卡)或邮政储蓄存折，及时存入至少一个年度的医保费(160+10 元)

　学　校：　　　　　　　年级和班级：

　学　号：　　　　　　　学生姓名：

　家长手机号：　　　　　家长签字：

　　　　　　　　　　　　　　　　　　　　　　　　　年　月　日

图 3-29　回执单

　(2)切换至"纸张"选项卡，在"纸张大小"列表框中选择"A3"。切换至"版式"选项卡，在"距边界"区域设置页眉、页脚分别距边界"1.2 厘米"，单击"确定"按钮。

　(3)单击"插入"选项卡下"页眉和页脚"选项组中的"页码"按钮，在弹出的快捷菜单中选择"设置页码格式"，弹出"页码格式"对话框，将"编号格式"下拉列表中选择"-1-，-2-，-3-⋯"，在"页码编号"选项组中勾选"起始页码"选项，并设置起始页码为"-1-"，单击"确定"按钮。

　(4)单击"插入"选项卡下"页眉和页脚"选项组中的"页码"按钮，在弹出的快捷菜单中选择"页面底端"，在右侧出现的级联菜单中选择"普通数字 2"。

　(5)打开"页眉和页脚工具"，单击"设计"选项卡下"关闭"选项组中的"关闭页眉和页脚"按钮。

　3. 设置段落格式

　(1)单击"插入"选项卡下"页眉和页脚"选项组中的"页眉"按钮，在弹出的快捷菜单中选择"空白(三栏)"样式。

　(2)在第一个内容控件中输入"北京明华中学"；选中第二个内容控件，使用 Delete 键将其删除；选中第三个内容控件，单击"插入"选项卡下"插图"选项组中的"图片"按钮，打开"插入图片"对话框，选择"logo. jpg"文件，单击"插入"按钮。适当调整图片的大小及位置，使其与学校名称的高度相匹配。

（3）单击"开始"选项卡下"段落"选项组中的"边框"按钮，在弹出的快捷菜单中选择"边框和底纹"命令，在弹出的"边框和底纹"对话框中的"边框"选项卡下，将"应用于"选项选择为"段落"，在"样式"列表框中选择"上宽下细的双线型"样式，在"颜色"下拉列表中选择标准色的"红色"，在"宽度"下拉列表框中选择"2.25磅"，在右侧"预览"界面中单击"下边框"按钮，最后单击"确定"按钮。

（4）打开"页眉和页脚工具"，单击"设计"选项卡下"关闭"组中的"关闭页眉和页脚"按钮。

4. 替换内容并设置标题样式

（1）单击"开始"选项卡下"编辑"选项组中的"替换"按钮，弹出"查找和替换"对话框，如图3-30所示。

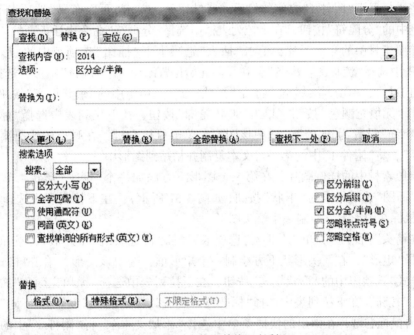

图 3-30 "查找和替换"对话框

（2）将光标置于"查找内容"列表框中，单击"特殊格式"按钮，在弹出的级联菜单中选择"段落标记"，继续单击"特殊格式"按钮，再次选择"段落标记"。

（3）将光标置于"替换为"列表框中，单击"特殊格式"按钮，在弹出的级联菜单中选择"段落标记"，单击"全部替换"按钮，在弹出的对话框中选择"确定"按钮。最后关闭"查找与替换"对话框。

（4）选中文章标题"致学生儿童家长的一封信"，单击"开始"选项卡下"样式"选项组中的"标题"样式。

（5）分别选中正文中"一、二、三、四、五"所示标题段落，单击"开始"选项卡下"样式"选项组中的"标题1"样式。

（6）分别选中正文中"附件1、附件2、附件3、附件4"所示标题段落，单击"开始"选项卡下"样式"选项组中的"标题2"样式。

（7）单击"开始"选项卡下"样式"选项组中右侧的对话框启动器按钮，在样式窗格中单击"正文"样式右侧的下拉三角形按钮，在弹出的快捷菜单中选择"修改"命令。在弹出的"修改样式"对话框的"格式"选项组中设置字体为"仿宋"、字号为"小四"；单击下方"格式"按钮，在弹出的下拉列表框中选择"段落"命令，打开"段落"对话框，在"缩进和间距"选项卡下"缩进"选项组中设置"特殊格式"为"首行缩进"，将对应的"磅值"设置为"2字符"，单击"确定"按钮。

（8）选中文档结尾处信件的落款（三行），单击"开始"选项卡下"段落"选项组中的"右对齐"按钮，使最后三行文本右对齐。

5. 生成图表并添加文本

（1）将光标置于"附件1"文字的最后一行结尾处，单击"页面布局"选项卡下"页面设置"选项组中的"分隔符"按钮，在下拉列表框中选择"分页符"命令来插入新的一页。

（2）参照素材中的样例图片，单击"插入"选项卡下"插图"选项组中的"形状"按钮，在下拉列表中选择"流程图：准备"，在页面起始位置添加一个"准备"图形；选择该图形，打开"绘图工具"，单击"格式"选项卡下"形状样式"选项组中的"形状填充"按钮，在下拉列表中选择"无填充颜色"按钮，单击"形状轮廓"按钮，在下拉列表中选择"标准色丨浅绿"，将"粗细"设置为"1磅"；选中该图形，单击鼠标右键，在弹出的快捷菜单中选择"添加文字"，将"附件1"中的第一行文本复制并粘贴到图形中。

（3）参照素材中的样例图片，在第一个图形下方添加一个"箭头"形状，单击"插入"选项卡下"插图"选项组中的"形状"按钮（如图3-31所示），在下拉列表中选择"箭头"图形，使用鼠标在图形下方绘制一个箭头图形。

（4）在箭头图形下方，单击"插入"选项卡下"插图"选项组中的"形状"按钮，在下拉列表中选择"矩形"，在箭头形状下方绘制一个矩形框，选中该图形，单击"格式"选项卡下"形状样式"选项组中的"形状填充"按钮，在下拉列表中选择"无填充颜色"按钮，单击"形状轮廓"按钮，在下拉列表中选择"标准色丨浅蓝"，将"粗细"设置为"1磅"；选中该图形，单击鼠标右键，在弹出的快捷菜单中选择"添加文本"，将"附件1"中的第二行文本复制并粘贴到形状图形中（具体文本内容参考素材中的样例图片）。

（5）参照素材中的样例图片，依次添加矩形形状和箭头形状，设置方法同上述步骤。

（6）在流程图最后添加一个"流程图丨决策"图形，用于判断"是否扣款成功"，单击"插入"选项卡下"插图"选项组中的"形状"按钮，在下拉列表中选择"流程图丨决策"图形，最后根据样例图片来添加相应的文本信息。

（7）在流程图的结束位置添加一个"流程图丨终止"图形，单击"插入"选项卡下"插图"选项组中的"形状"按钮，在下拉列表中选择"流程图丨终止"图形，根据样例图片来添加相应的文本信息。

（8）参考素材中的样例图片，在流程图相应位置单击"插入"选项卡下"插图"选项组中的"形状"按钮，在下拉列表中选择"流程图丨文档"图形，选中该图形，在"格式"选项卡下"形状样式"选项组中选择"细微效果-紫色，强调颜色4样式"，最后根据样例图片来添加相应的文本信息。

（9）参考素材中的样例图片，在流程图相应位置，单击"插入"选项卡下"插图"选项组中的"形状"按钮，在下拉列表中选择"流程图 | 多文档"图形，选中该图形，在"格式"选项卡下"形状样式"选项组中选择"细微效果-紫色，强调颜色4样式"，最后根据样例图片来添加相应的文本信息。

（10）选择中间两个矩形形状，单击"开始"选项卡下"段落"选项组中的"居中"按钮。

（11）选中除了右侧两个图形之外的其他图形，单击"格式"选项卡下"排列"选项组中的"组合"按钮，使所选图形组合成一个整体。

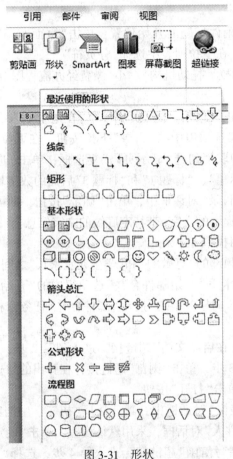

图3-31　形状

6. 将附件3中的文本转化为表格并适当调整

（1）选中"附件3：学生儿童'一小'银行缴费常见问题"下的绿色文本，单击"插入"选项卡下"表格"选项组中的"表格"按钮，在弹出的列表框中选择"文本转换成表格"命令，在弹出的"将文字转换成表格"对话框中采用默认设置，单击"确定"按钮。

（2）参照表格下方的样例图片，在"开始"选项卡下"字体"选项组中将"字体"设置为"黑体"、"字号"设置为"五号"、"字体颜色"设置为"蓝色"，并将左侧和上方表头的文字设置为加粗。

（3）选中整个表格，打开"表格工具"，单击"设计"选项卡下"表格样式"选项组中的内置表格样式"浅色网格-强调文字颜色4"。

（4）在"开始"选项卡下的"段落"选项组中，参考示例来设置表格内容的对齐方式。

（5）选择表格中内容相同的单元格，单击鼠标右键，在弹出的快捷菜单中选择"合并单元格"命令，删除合并后单元格中重复的文字信息。

（6）选中所有合并单元格，单击"开始"选项卡下"段落"选项组中的"居中"按钮。

（7）选中整个表格对象，单击"开始"选项卡下"段落"选项组中的"居中"按钮，

（8）拖动表格右下角的控制柄工具，适当缩小表格列宽，具体大小可参考示例图。

7. 插入目录

（1）将光标置于每个附件标题的开始位置，单击"页面布局"选项卡下"页面设置"选项组中的"分隔符"按钮，在下拉列表中选择"分页符"。

（2）调整"附件1：学校、托幼机构'一小'缴费经办流程图"标题，使其与流程图处在同一页上。

（3）将光标置于素材正文最后位置（黄底文字"在这里插入有关附件的目录"）处，单击"引用"选项卡下"目录"选项组中的"目录"下拉按钮，在下拉列表中选择"插入目录"。在弹出的"目录"对话框中取消勾选"显示页码"复选框；单击"选项"按钮，在弹出的"目录选项"对话框中，将"标题"、"标题1"和"标题3"后面的数字均删除，只保留"标题2"，单击"确定"按钮。返回"目录"对话框中，单击"确定"按钮，即可插入目录。

（4）选中素材中用于提示的文字（带特定底纹的文字信息），按Delete键删除。

8. 合并邮件并制作回执单

（1）将光标置于信件顶部的"尊敬的"和"学生儿童家长"之间。

（2）单击"邮件"选项卡下"开始邮件合并"选项组中的"开始邮件合并"按钮，在下拉列表中选择"邮件合并分步向导"选项。启动"邮件合并"任务窗格，进入邮件合并分布向导的第1步。

（3）单击"下一步：正在启动文档"超链接，进入到第2步，继续单击"下一步：选取收件人"超链接，进入第3步，单击"浏览"超链接，在弹出的"选取数据源"对话框中选择"学生档案.xlsx"文件，单击"打开"按钮。

（4）在弹出的"选取表格"对话框中，默认选择"初三学生档案"工作表，单击"确定"按钮。弹出"邮件合并收件人"对话框，采用默认设置，单击"确定"按钮。

（5）单击"下一步：撰写信函"超链接，进入第4步，选择"其他项目"超链接，弹出"插入合并域"对话框，在"域"列表框中选择"姓名"，单击"插入"按钮，然后单击"关闭"按钮，此时"姓名"域插入到文档的指定位置。

（6）在"附件4"页面中，将光标置于"学校"标题后，单击"邮件合并"对话框中的"其他项目"超链接，弹出"插入合并域"对话框，在"域"列表框中选择"学校"，单击"插入"按钮，最后单击"关闭"按钮。

（7）按照上述同样操作方法，分别插入"年级"域、"班级"域、"学号"域和"学生姓名"域。

(8)将设计好的"附件4"的内容,参照"结果示例4. jpg"图片内容来修订并复制一份放在文档下半页位置,将标题下方"此联家长留存"更改为"此联学校留存"。

(9)删除文档中青绿色底纹的提示文字,单击"插入"选项卡下"插图"选项组中的"形状"按钮,从下拉列表中选择"直线"形状。

(10)按住 Shift 键,在页面中间位置绘制一条直线,选中该直线,单击"格式"选项卡下"形状样式"选项组中的"形状轮廓"按钮,从下拉列表中选择"虚线",在右侧的级联菜单中选择"圆点"。

9. 进行筛选和排序

(1)单击"邮件"选项卡下"开始邮件合并"选项组中的"编辑收件人列表"按钮,在弹出的"邮件合并收件人"对话框中,单击"调整收件人列表"选项组中的"筛选"超链接,弹出"筛选和排序"对话框,在"筛选记录"选项卡下的"域"下方第一个列表框中单击选择"在校状态",在"比较关系"列表框中选择"等于",在"比较对象"列表框中输入"在读";在第 2 行列表框中分别设置值为"与","年级","等于","初三";在第 3 行列表框中分别设置值为"与","性别","等于","女",最后单击"确定"按钮。

(2)单击"下一步:预览信函",查看符合条件的学生信息。

(3)单击"下一步:完成合并",在第 6 步中单击"编辑单个信函"超链接,在弹出的"合并到新文档"对话框中选择"全部",最后单击"确定"按钮。

(4)单击快速工具栏中的"保存"按钮,弹出"另存为"对话框,在"保存位置"项中选择合适路径,在文件名中输入"正式通知",单击"保存"按钮。

(5)在"Word. docx"主菜单中单击"保存"按钮,然后关闭文档。

Part II　练习题

一、单项选择题

1. Word 是一种(　　　)。

　　A. 操作系统　　　　　　B. 文字处理软件　　　C. 多媒体制作软件　　　D. 网络浏览器

2. Word 2010 文档扩展名的默认类型是(　　　)。

　　A. DOCX　　　　　　　B. DOC　　　　　　　C. DOTX　　　　　　　D. DAT

3. Word 2010 软件处理的主要对象是(　　　)。

　　A. 表格　　　　　　B. 文档　　　　　　C. 图片　　　　　　　D. 数据

4. 在 Word 2010 窗口界面的组成部分中,除常见的组成元素外,新增加的元素是(　　　)。

　　A. 标题栏　　　　　　　　　　　　B. 快速访问工具栏

　　C. 状态栏　　　　　　　　　　　　D. 滚动条

5. 快捷键 Ctrl+S 的功能是(　　　)。

　　A. 删除文字　　　　　　B. 粘贴文字　　　　　　C. 保存文件　　　　　D. 复制文字

6. 在 Word 2010 中,快速工具栏上标有"软磁盘"图形按钮的作用是(　　　)文档。

　　A. 打开　　　　　　　B. 保存　　　　　　C. 新建　　　　　　　D. 打印

7. 在 Word 2010 中"打开"文档的作用是(　　　)。

A. 将指定的文档从内存中读入并显示出来

B. 为指定的文档打开一个空白窗口

C. 将指定的文档从外存中读入并显示出来

D. 显示并打印指定文档的内容

8. Word 2010有记录最近使用过的文档功能。如果用户出于保护隐私的要求，需要将文档使用记录删除，可以在打开的"文件"面板中单击"选项"按钮中的( )进行操作。

A. 常规　　　　　　B. 保存　　　　　　C. 显示　　　　　　D. 高级

9. 在Word中页眉和页脚的默认作用范围是( )。

A. 全文　　　　　　B. 节　　　　　　C. 页　　　　　　D. 段

10. 关闭当前文件的快捷键是( )。

A. Ctrl+F6　　　　B. Ctrl+F4　　　　C. Alt+F6　　　　D. Alt+F4

11. ( )标记包含前面段落格式信息。

A. 行结束　　　　　B. 段落结束　　　　C. 分页符　　　　D. 分节符

12. 在Word 2000中，当建立一个新文档时，默认的文档格式为( )。

A. 居中　　　　　　B. 左对齐　　　　　C. 两端对齐　　　　D. 右对齐

13. Word 2010的视图模式中新增加的模式是( )。

A. 普通视图　　　　B. 页面视图　　　　C. 大纲视图　　　　D. 阅读版式视图

14. 在Word 2010的编辑状态下，单击"还原"按钮的操作是指( )。

A. 将指定的文档打开　　　　　　B. 为指定的文档打开一个空白窗口

C. 使当前窗口缩小　　　　　　　D. 使当前窗口扩大

15. 在Word 2010的编辑状态下，执行编辑菜单中"复制"命令后( )。

A. 被选择的内容将复制到插入点处

B. 被选择的内容将复制到剪贴板

C. 被选择的内容出现在复制内容之后

D. 光标所在的段落内容被复制到剪贴板

16. 在Word文档中，有一个段落的最后一行只有一个字符，想把该字符合并到上一行，下述方法中哪一个无法达到该目的？( )

A. 减少页的左右边距

B. 减小该段落的字体的字号

C. 减小该段落的字间距

D. 减小该段落的行间距

17. 在Word中，下述关于分栏操作的说法，正确的是( )

A. 可以将指定的段落分成指定宽度的两栏

B. 任何视图下均可看到分栏效果

C. 设置的各栏宽度和间距与页面宽度无关

D. 栏与栏之间不可以设置分隔线

18. 在Word 2010的编辑状态下，若鼠标在某行行首的左边选择区，下列( )操作可以仅选择光标所在的行。

A. 双击鼠标左键　　　　　　　　　B. 单击鼠标右键

C. 将鼠标左键击三下　　　　　　　D. 单击鼠标左键

19. 要设置行距小于标准的单倍行距，需要选择(　　)再输入磅值。

A. 两倍　　　　　B. 单倍　　　　　C. 固定值　　　　　D. 最小值

20. 在 Word 2010 编辑状态下，使选定的文本倾斜的快捷键是(　　)。

A. Ctrl+H　　　　B. Ctrl+I　　　　C. Ctrl+B　　　　D. Ctrl+U

21. 在 Word 2010 编辑状态下，使选定的文本加粗的快捷键是(　　)。

A. Ctrl+H　　　　B. Ctrl+I　　　　C. Ctrl+B　　　　D. Ctrl+U

22. 在 Word 2010 编辑状态下，使选定的文本加下划线的快捷键是(　　)。

A. Ctrl+H　　　　B. Ctrl+I　　　　C. Ctrl+B　　　　D. Ctrl+U

23. 在 Word 2010 编辑状态下，要撤销上一次操作的快捷键是(　　)。

A. Ctrl+H　　　　B. Ctrl+Z　　　　C. Ctrl+Y　　　　D. Ctrl+U

24. 在 Word 2010 编辑状态下，要重复上一次操作的快捷键是(　　)。

A. Ctrl+Y　　　　B. Ctrl+Z　　　　C. Ctrl+B　　　　D. Ctrl+U

25. 要将 Word 文档中的一段文字设定为黑体字，第一步操作是：(　　)

A. 选定这一段文字

B. 选择"格式"菜单

C. 鼠标单击工具栏上的"B"按钮

D. 鼠标单击工具栏上的字体框按钮

26. 在 Word 2010 文档中，可以使被选中的文字内容看上去像使用荧光笔作了标记一样。此效果是使用 Word 2010 的(　　)文本功能。

A. "字体颜色"　　B. "突出显示"　　C. "字符底纹"　　D. "文字效果"

27. 在文本选择区三击鼠标，可选定(　　)。

A. 一句　　　　　B. 一行　　　　　C. 一段　　　　　D. 整个文本

28. 在 Word 2010 的编辑状态下打开一个文档，并对文档进行修改，然后"关闭"文档操作后(　　)。

A. 文档将被关闭，但修改后的内容不能保存

B. 文档不能被关闭，并提示出错

C. 文档将被关闭，并自动保存修改后的内容

D. 将弹出对话框，并询问是否保存对文档的修改

29. 在 Word 2010 的编辑状态下，下列四个组合键中，可以从输入汉字状态转换到输入 ASCII 字符状态的组合键是(　　)。

A. Ctrl+空格键　　　　　　　　　　B. Alt+Ctrl

C. Shift+空格键　　　　　　　　　　D. Alt+空格键

30. 在 Word 2010 中，当剪贴板中的"复制"按钮呈灰色而不能使用时，表示的是(　　)。

A. 剪贴板里没有内容　　　　　　　B. 剪贴板里有内容

C. 在文档中没有选定内容　　　　　D. 在文档中已选定内容

31. 修改文档时，要在输入新的文字的同时替换原有文字，最简便的操作是(　　)

    A. 直接输入新内容

    B. 选定需替换的内容，直接输入新内容

    C. 先删除需替换的内容，再输入新内容

    D. 无法同时实现

32. 在 Word 2010 文档中，通过"查找和替换"对话框查找任意字母，在"查找内容"文本框中使用代码(　　)表示匹配任意的字母。

    A. ^#　　　　　　　　B. ^$　　　　　　　　C. ^&　　　　　　　　D. ^*

33. 在 Word 2010 文档中，通过"查找和替换"对话框查找任意数字，在"查找内容"文本框中使用代码(　　)表示匹配 0~9 的数字。

    A. ^#　　　　　　　　B. ^$　　　　　　　　C. ^&　　　　　　　　D. ^*

34. 在 Word 2010 文档中，给选定的段落快速增加缩进量的快捷键是(　　)。

    A. Ctrl+N　　　　　B. Ctrl+Alt+M　　　　C. Ctrl+M　　　　　D. Ctrl+Shift+M

35. 在 Word 2010 文档中，给选定的段落快速减少缩进量的快捷键是(　　)。

    A. Ctrl+N　　　　　B. Ctrl+Alt+M　　　　C. Ctrl+M　　　　　D. Ctrl+Shift+M

36. 在 Word 2010 文档中，调整图片色调是通过"图片工具"下"格式"选项卡中的"色调"按钮完成的。那"图片工具"下的"格式"选项卡是通过(　　)出现的。

    A. "选项"设置　　　　　　　　　　　B. 系统设置

    C. 添加选项卡　　　　　　　　　　　D. 选中图片后，系统自动

37. 一张完整的图片，只有部分区域能够排开文本，其余部分被文字遮住。这是由于(　　)。

    A. 图片是嵌入型　　　　　　　　　　B. 图片是紧密型

    C. 图片是四周型　　　　　　　　　　D. 图片进行了环绕顶点的编辑

38. 在 Word 2010 编辑中，要移动或拷贝文本，可以用(　　)来选择文本。

    A. 鼠标　　　　　　　　　　　　　　B. 键盘

    C. 扩展选取　　　　　　　　　　　　D. 以上方法都可以

39. 在 Word 2000 的编辑状态下，设置了由多个行和列组成的表格。如果选中一个单元格，再按 Del 键，则(　　)

    A. 删除该单元格所在的行

    B. 删除该单元格的内容

    C. 删除该单元格，右方单元格左移

    D. 删除该单元格，下方单元格上移

40. 当一个文档窗口被关闭后，该文档将被(　　)。

    A. 保存在外存中　　　　　　　　　　B. 保存在剪贴板中

    C. 保存在内存中　　　　　　　　　　D. 既保存在外存中也保存在内存中

41. 在 Word 2010 中可以在文档的每页或某一页上设置一个图形作为页面背景，这种特殊的文本效果被称为(　　)。

    A. 图形　　　　　　　B. 艺术字　　　　　　C. 插入艺术字　　　　D. 水印

42. 在 Word 2010 中，文本框(　　)。

A. 不可与文字叠放

B. 文字环绕方式多于两种

C. 随着框内文本内容的增多而增大

D. 文字环绕方式只有两种

43. 每行中最大字符高度两倍的行距被称为(　　)行距。

　　A. 两倍　　　　　　B. 单倍　　　　　　C. 1.5 倍　　　　　　D. 最小值

44. 在 Word 2010 表格的编辑中，快速地拆分表格应按(　　)快捷键。

　　A. Ctrl+回车键　　　　　　　　　　B. Shift+回车键

　　C. Ctrl+Shift+回车键　　　　　　　D. Alt+回车键

45. 在 Word 2010 编辑状态下，当前输入的文字显示在(　　)。

　　A. 当前行尾部　　　B. 插入点　　　　C. 文件尾部　　　　D. 鼠标光标处

46. 在 Word 2010 编辑状态下，模式匹配查找中能使用的通配符是(　　)。

　　A. +和−　　　　　　B. * 和,　　　　　C. * 和?　　　　　　D. /和 *

47. 在 Word 2010 的编辑状态下，执行两次"剪切"操作后，则剪贴板中(　　)。

　　A. 有两次被剪切的内容　　　　　B. 仅有第二次被剪切的内容

　　C. 仅有第一次被剪切的内容　　　D. 无内容

48. 下列操作中，不能退出 Word 2010 的操作是(　　)。

　　A. 双击文档窗口左上角的控制按钮

　　B. 选"文件"菜单，弹出下拉菜单后单击"退出"

　　C. 右键单击程序窗口右上角的关闭按钮 X

　　D. 按 Alt+F4

49. 删除一个段落标记后，前后两段文字将合并成一个段落，原段落内容所采用的编排格式是(　　)。

　　A. 删除后的标记确定的格式　　　B. 后一段落的格式

　　C. 格式没有变化　　　　　　　　D. 与后一段落格式无关

50. 将文档中的一部分文本内容复制到别处，先要进行的操作是(　　)。

　　A. 粘贴　　　　　　B. 复制　　　　　C. 选择　　　　　　D. 视图

51. 在 Word 中，要将第一自然段复制到文档的最后，需要进行的操作是(　　)

　　A. [复制]、[粘贴]　　　　　　　　B. [剪切]、[粘贴]

　　C. [粘贴]、[复制]　　　　　　　　D. [粘贴]、[剪切]

52. 在 Word 2010 中无法实现的操作是(　　)。

　　A. 在页眉中插入剪贴画　　　　　B. 建立奇偶页内容不同的页眉

　　C. 在页眉中插入分隔符　　　　　D. 在页眉中插入日期

53. 人工加入硬分页符的快捷键是(　　)。

　　A. Shift+End　　　B. Ctrl+End　　　C. Shift+Enter　　　D. Ctrl+Enter

54. Word 2010 中的"格式刷"可用于复制文本或段落的格式，若要将选中的文本或段落格式重复应用多次，应(　　)。

　　A. 单击"格式刷"　　　　　　　　B. 双击"格式刷"

97

    C. 右击"格式刷"   D. 拖动"格式刷"

55. 段落格式应用于(　　)。

    A. 插入点所在的段落   B. 所选定的文本

    C. 文档中的所有节   D. 插入点的所在节

56. 打印页码 2-5，10，12 表示打印的是(　　)。

    A. 第 2 页，第 5 页，第 10 页，第 12 页

    B. 第 2 至 5 页，第 10 至 12 页

    C. 第 2 至 5 页，第 10 页，第 12 页

    D. 第 2 页，第 5 页，第 10 至 12 页

57. 在 Word 文档中，为了看清文档的打印效果，应使用(　　)视图方式。

    A. 大纲   B. 页面   C. 普通   D. 全屏

58. 在 Word 2010 的表格操作中，计算求和的函数是(　　)。

    A.〔Total〕   B.〔Sum〕   C.〔Count〕   D.〔Average〕

59. 在查找替换过程中，如果只替换当前被查到的字符串，应单击(　　)按钮。

    A. 查找下一处   B. 替换   C. 全部替换   D. 格式

60. 使用(　　)可以进行快速复制格式的操作。

    A. 编辑菜单   B. 段落命令   C. 格式刷   D. 格式菜单

61. 在 Word 文档中，要使文本环绕剪贴画，产生图文混排的效果，应该(　　)

    A. 在快捷菜单中选择"设置艺术字格式"

    B. 在快捷菜单中选择"设置自选图形的格式"

    C. 在快捷菜单中选择"设置剪贴画格式"

    D. 在快捷菜单中选择"设置图片的格式"

62. 在 Word 2010 中保存文件不可以使用的保存类型是(　　)。

    A.．txt   B.．wav   C.．html   D. 上述三种都不能

63. 在 Word2010 中，鼠标拖动选定文本的同时按下 Ctrl 键执行的是(　　)。

    A. 移动操作   B. 复制操作   C. 剪切操作   D. 粘贴操作

64. 在 Word 2010 中在"全角"方式下显示一个英文字符，要占用的显示位置是(　　)。

    A. 2 个西文字符   B. 1 个西文字符   C. 半个汉字   D. 2 个汉字

65. 在 Word 2010 的编辑状态，关于拆分表格，正确的说法是(　　)。

    A. 可以自己设定拆分的行列数

    B. 只能将表格拆分为左右两部分

    C. 只能将表格拆分为上下两部分

    D. 只能将表格拆分为列

66. 在打印预览状态下，若要打印文件(　　)。

    A. 必须退出预览状态后才能打印

    B. 在打印预览状态也可以直接打印

    C. 在打印预览状态不能打印

    D. 只能在打印预览状态打印

67. 在 Word 文档中，可以在"页眉/页脚"中插入各种图片，插入图片后只有在(　　)中才能看到该图片。

    A. 普通视图　　　　　B. 页面视图　　　　　C. 母版视图　　　　　D. 文档视图

68. 在 Word 文档中，如果要指定每页中的行数，可以通过(　　)进行设置。

    A. "开始"选项卡的"段落"组

    B. "插入"选项卡的"页眉页脚"组

    C. "页面布局"选项卡的"页面设置"组

    D. 无法设置

69. 在 Word 2010 的编辑状态，☰ 按钮表示的含义是(　　)。

    A. 居中对齐　　　　　B. 右对齐　　　　　C. 左对齐　　　　　D. 分散对齐

70. 当前活动窗口是文档 A.doc 的窗口，单击该窗口的"最小化"按钮(　　)。

    A. 不显示 A.doc 文档内容，但 A.doc 文档并未关闭

    B. 该窗口和 A.doc 文档都被关闭

    C. A.doc 文档未关闭，且继续显示其内容

    D. 关闭了 A.doc 文档但该窗口并未关闭

71. 在打开的多个 Word 2010 文档间切换，可利用快捷键(　　)。

    A. Alt+Tab　　　　　B. Shift+F6　　　　　C. Ctrl+F6　　　　　D. Ctrl+Esc

72. 如果文档很长，那么用户可以用 Word 2010 提供的(　　)技术，同时在两个窗口中滚动查看同一文档的不同部分。

    A. 拆分窗口　　　　　B. 滚动条　　　　　C. 排列窗口　　　　　D. 帮助

73. 在 Word 2010 中，按(　　)键与功能区中的剪切按钮功能相同。

    A. Ctrl+C　　　　　B. Ctrl+V　　　　　C. Ctrl+X　　　　　D. Ctrl+S

74. 在 Word 文档中，若要添加一些符号，如数学符号、标点符号等，可通过(　　)选项卡来实现。

    A. "开始"　　　　　B. "插入"　　　　　C. "视图"　　　　　D. "页面布局"

75. 在设定纸张大小的情况下，要调整每页行数和每行字数，是通过页面设置对话框中的(　　)选项卡设置。

    A. 页边距　　　　　B. 版式　　　　　C. 文档网络　　　　　D. 纸张

76. 能显示页眉和页脚的方式是(　　)。

    A. 草稿视图　　　　　B. 页面视图　　　　　C. 大纲视图　　　　　D. Web 版式视图

77. Word 2010 具有多个文档窗口并排查看的功能，通过多窗口并排查看，可以对不同窗口中的内容进行比较。实现并排查看窗口的功能区是(　　)。

    A. "引用"功能区　　　　　　　　　　　B. "开始"功能区

    C. "视图"功能区　　　　　　　　　　　D. "插入"功能区

78. 如要用矩形工具画出正方形，应同时按下(　　)键。

    A. Ctrl　　　　　B. Shift　　　　　C. Alt　　　　　D. Ctrl+Alt

79. 下列关于页眉页脚，说法正确的是(　　)。

    A. 页眉线就是下划线

  B. 页码可以插入在页眉页脚的任何位置

  C. 插入的对象在每页中都可见

  D. 页码可以直接输入

80. 在 Word 文档编辑中，从插入点开始选定到上一行，组合键是(　　)。

  A. Shift+↑   B. Shift+↓

  C. Shift+Home   D. Shift+End

81. 在 Word 文档编辑中，从插入点开始选定到下一行，组合键是(　　)。

  A. Shift+↑   B. Shift+↓

  C. Shift+Home   D. Shift+End

82. 在 Word 文档编辑中，从插入点开始选定到首行，组合键是(　　)。

  A. Shift+↑   B. Shift+↓

  C. Shift+Home   D. Shift+End

83. 在 Word 文档编辑中，从插入点开始选定到行尾，组合键是(　　)。

  A. Shift+↑   B. Shift+↓

  C. Shift+Home   D. Shift+End

84. 在 Word 文档编辑中，从插入点开始选定到文档开头，组合键是(　　)。

  A. Shift+↑   B. Shift+↓

  C. Ctrl+Shift+Home   D. Shift+End

85. 在 Word 文档编辑中，从插入点开始选定到文档结尾，组合键是(　　)。

  A. Shift+↑   B. Shift+↓

  C. Ctrl+Shift+Home   D. Ctrl+Shift+End

86. 在 Word 表格编辑中，合并的单元格都有文本时，合并后会产生(　　)结果。

  A. 原来的单元格中的文本将各自成为一个段落

  B. 原来的单元格中的文本将合并成为一个段落

  C. 全部删除

  D. 以上都不是

87. 在 Word 文档编辑中，输入文本时插入软回车符的快捷键是(　　)。

  A. Shift+回车键(Enter)   B. Ctrl+回车键(Enter)

  C. Alt+回车键(Enter)   D. 回车键(Enter)

88. 为保证一张图片固定在某一段的后面，而不会因为前面段落的删除而改变位置，应设置图片为(　　)格式。

  A. 紧密型环绕   B. 四周型环绕

  C. 嵌入型   D. 穿越型环绕

二、多项选择题

1. 在 Word 2010 中保存文件可以使用的保存类型是(　　)。

  A. txt   B. wav   C. html   D. pdf

2. 在 Word 2010 中可以实现的操作是(　　)。

  A. 在页眉中插入剪贴画

B. 建立奇偶页内容不同的页眉

C. 在页眉中插入分隔符

D. 在页眉中插入日期

3. 下列操作中，能退出 Word 2010 的操作是(　　　)。

  A. 双击文档窗口左上角的控制按钮

  B. 选"文件"菜单，弹出下拉菜单后单击"退出"

  C. 右键单击程序窗口右上角的关闭按钮 X

  D. 按 Alt+F4

4. 下列段落对齐属于 Word 2010 的对齐效果是(　　　)

  A. 左对齐 　　　　B. 右对齐 　　　　C. 居中对齐 　　　　D. 分散对齐

5. 下列段落缩进属于 Word 2010 的缩进效果是(　　　)

  A. 左缩进 　　　　B. 右缩进 　　　　C. 分散缩进 　　　　D. 首行缩进

6. 项目符号可以是(　　　)

  A. 文字 　　　　B. 符号 　　　　C. 图片 　　　　D. 表格

7. 在 Word 2010 中，能保存一个文件的操作是(　　　)

  A. 单击"快速工具栏"上的"保存"按钮

  B. 单击"文件"选项卡中的"保存"命令

  C. 利用快捷键 Ctrl+S

  D. 利用功能键 F12

8. 复制文本的方法有哪些？(　　　)

  A. 利用鼠标右键 　　　　　　　　B. Ctrl+C

  C. "开始"选项卡中的"复制"按钮 　　　　D. Ctrl+V

9. 如何选择多个图形？(　　　)

  A. 按 Ctrl 键，依次选取 　　　　　　B. 按 Shift 键，依次选取

  C. 按 Alt 键，依次选取 　　　　　　D. 按 Tab 键，依次选取

三、填空题

1. 当启动 Word 后，Word 会自动创建一个新的名为_____的空白文档。

2. 编辑完文档，如果要退出 Word，最简单的方法是_____击标题栏上的 Word 图标。

3. 在 Word 文档编辑中，要将插入光标移动到文档的开头的位置，快捷键是_____。

4. 在 Word 文档编辑中，新建 Word 空白文档的快捷键是_____。

5. 在 Word 文档编辑中，要选中不连续的多处文本，应按下_____键来控制选取。

6. 在 Word 2010 文档编辑中，要选择光标所在段落，可_____该段落。

7. Word 2010 把格式化分为 3 类设置，分别是字符、_____和页面格式化。

8. 使用"开始"选项卡中的_____命令，可以将 Word 文档中的一个关键词改变为另一个关键词。

9. Word 2010 文档的缺省文件扩展名是_____。

10. 在 Word 2010 文档编辑中，要实现打一字消一字，是将 Word 状态栏中的_____字样，单击它变成_____字样。

11. 在 Word 2010 文档编辑中，段落的标记是在输入_____之后产生的。

12. 在 Word 2010 编辑状态下，若要设置左右边界，利用_____更直接、快捷。

13. 在 Word 2010 界面中，能显示页眉和页脚的视图是_____。

14. 在 Word 2010 编辑状态下，将鼠标指针放置到文档左侧的选定栏，按_____键的同时单击鼠标，可以实现快速选定整个文档。

15. 在 Word 2010 表格中，对当前单元格左边的所有单元格中的数值求和，应使用_____公式。

16. 在 Word 2010 编辑状态下，选定整个文本的快捷键是_____。

17. 在 Word 2010 中，"字体"功能区上的 B，I，U，分别代表字符的粗体、_____、下划线按钮。

18. 在 Word 2010 中，"字体"功能区上标有"B"字母按钮的作用是使选定对象_____。

19. 在 Word 2010 中，"字体"功能区上标有"I"字母按钮的作用是使选定对象_____。

20. 在 Word 2010 编辑状态下，将文档中一部分内容移动到别处，首先要进行的操作是_____。

21. 在 Word 2010 文档中绘制正方形，步骤是单击"矩形"按钮，按下_____键的同时拖动鼠标。

22. 在 Word 2010 中，将剪贴板中的内容插入到文档中的指定位置，叫做_____。

23. 在 Word 2010 文档中，要截取计算机屏幕的内容，可以利用 Word 2010 提供的_____功能。

24. 在 Word 2010 编辑状态下，对选定的文本进行复制的快捷键是_____。

25. 如果要在 Word 2010 文档中添加水印效果，须使用_____选项卡中的"水印"命令。

26. Word 2010 中可以利用_____图形制作出表示演示流程、层次结构、循环或关系等图形。

27. 在 Word 2010 中，首行缩进效果是通过打开_____对话框来设置。

28. 在 Word 2010 中，_____操作是取消最近一次所做的编辑或排版动作，或删除最近一次输入的内容。

29. 在 Word 2010 中，如果键入的字符替换或覆盖插入点后的字符，这种方式叫_____。

30. 如果要在 Word 2010 文档中寻找一个关键词，需使用_____选项卡中的"查找"命令。

第四章　Excel 2010 办公电子报表处理

Microsoft Excel 2010 可以通过比以往更多的方法来分析、管理和共享信息，从而帮助用户做出更好、更明智的决策。全新的分析和可视化工具可帮助用户跟踪和突出显示重要的数据趋势。无论是要生成财务报表还是管理个人支出，使用 Excel 2010 都能够更高效、更灵活地实现目标。

本章结合八个非常具有实践意义的综合案例：产品销售信息统计表的制作、期末成绩表制作、课时费数据表的制作、银行存款日记账制作、员工工资表统计分析、公司产品销售统计分析、销售记录统计分析和物理统考情况分析来展开教学，旨在训练学生能从解决实际问题出发，举一反三，熟练掌握一整套的 Excel 电子报表的处理方法和技巧。

Part I　实 训 指 导

任务一　产品销售信息统计表的制作

1.1　情境创设

某销售公司部门主管小张拟对本公司产品前两季度的销售情况进行统计，须按下述要求完成统计工作：

1. 打开所给的工作簿"Excel 素材.xlsx"，将其另存为"一二季度销售统计表.xlsx"，后续操作均基于此文件。

2. 参照"产品基本信息表"所列，运用公式或函数分别在工作表"一季度销售情况表"、"二季度销售情况表"中，填入各型号产品对应的单价，计算各月销售额并填入 F 列中。其中单价和销售额均设为数值型且保留两位小数、使用千位分隔符(注意：不得改变这两个工作表中的数据顺序)。

3. 在"产品销售汇总表"中，分别计算各型号产品的一、二季度销售量、销售额及合计数，填入相应列中。所有销售额均设为数值型、小数位数为 0，使用千位分隔符、右对齐。

4. 在"产品销售汇总表"中，在不改变原有数据顺序的情况下，按一、二季度销售总额从高到低地给出销售额排名，填入 I 列相应单元格中。将排名前 3 位和后 3 位的产品名次分别用标准红色和标准绿色标出。

5. 为"产品销售汇总表"中的数据区域 A1：I21 套用一个表格格式，包含表标题，并取消列标题行的筛选标记。

6. 根据"产品销售汇总表"中的数据，在一个名为"透视分析"的新工作表中创建数据透视表，统计每个产品类别的一、二季度销售及总销售额，透视表自 A3 单元格开始，并按一、二季度销售总额从高到低进行排序。结果参考图 4-1 或文件"透视表样例 . png"。

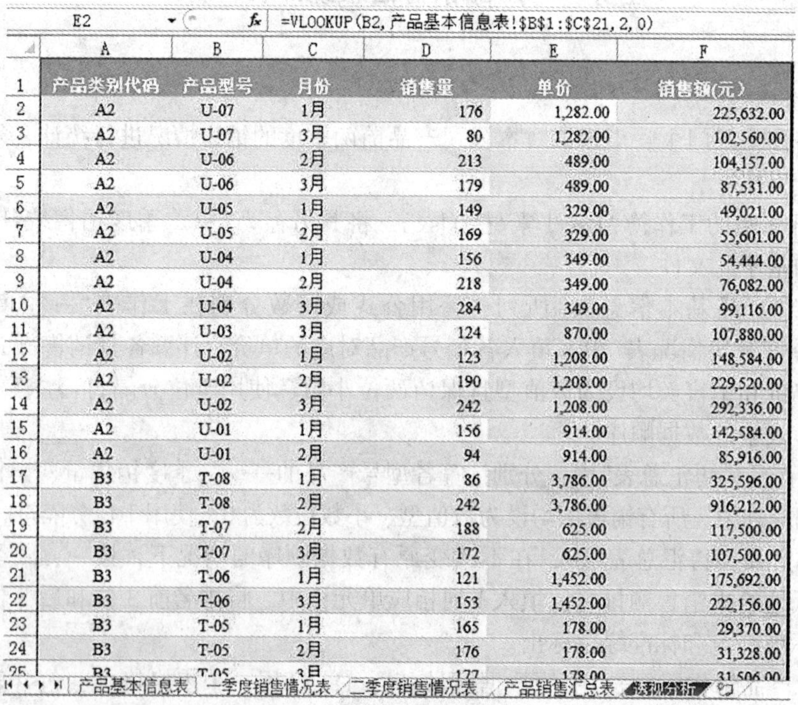

7. 将"透视分析"工作表标签颜色设为标准紫色并移动到"产品销售汇总表"的右侧。

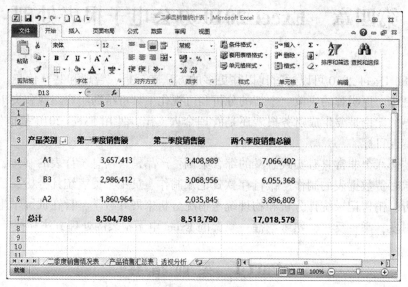

图 4-1 透视分析

图 4-2 一季度销售情况表

	E2		▾	f_x	=VLOOKUP(B2,产品基本信息表!$B$1:$C$21,2,0)	

	A	B	C	D	E	F
1	产品类别代码	产品型号	月份	销售量	单价	销售额（元）
2	A1	P-01	5月	202	1,654.00	334,108.00
3	A1	P-01	6月	226	1,654.00	373,804.00
4	A1	P-02	4月	93	786.00	73,098.00
5	A1	P-02	5月	173	786.00	135,978.00
6	A1	P-02	6月	117	786.00	91,962.00
7	A1	P-03	4月	221	4,345.00	960,245.00
8	A1	P-03	6月	190	4,345.00	825,550.00
9	A1	P-04	5月	186	2,143.00	398,598.00
10	A1	P-05	4月	134	849.00	113,766.00
11	A1	P-05	6月	120	849.00	101,880.00
12	B3	T-01	5月	116	619.00	71,804.00
13	B3	T-02	4月	115	598.00	68,770.00
14	B3	T-02	6月	194	598.00	116,012.00
15	B3	T-03	4月	78	928.00	72,384.00
16	B3	T-03	5月	206	928.00	191,168.00
17	B3	T-03	6月	269	928.00	249,632.00
18	B3	T-04	4月	129	769.00	99,201.00
19	B3	T-04	5月	289	769.00	222,241.00
20	B3	T-04	6月	249	769.00	191,481.00
21	B3	T-05	5月	292	178.00	51,976.00
22	B3	T-06	4月	89	1,452.00	129,228.00
23	B3	T-06	6月	91	1,452.00	132,132.00
24	B3	T-07	4月	176	625.00	110,000.00
25	B3	T-07	5月	168	625.00	105,000.00

产品基本信息表　一季度销售情况表　二季度销售情况表　产品销售汇总表　趋势预测分析

图 4-3　二季度销售情况表

产品类别代码	产品型号	一季度销量	一季度销售额	二季度销量	二季度销售额	一二季度销售总量	一二季度销售总额	总销售额排名
A1	P-01	508	840,232.00	428	707,912.00	936	1,548,144.00	1
A1	P-02	570	448,020.00	383	301,038.00	953	749,058.00	8
A1	P-03	378	1,642,410.00	411	1,785,795.00	789	3,428,205.00	1
A1	P-04	166	355,738.00	186	398,598.00	352	754,336.00	7
A1	P-05	437	371,013.00	254	215,646.00	691	586,659.00	11
B3	T-01	577	357,163.00	116	71,804.00	693	428,967.00	15
B3	T-02	488	291,824.00	309	184,782.00	797	476,606.00	14
B3	T-03	101	93,728.00	553	513,184.00	654	606,912.00	10
B3	T-04	373	286,837.00	667	512,923.00	1040	799,760.00	6
B3	T-05	518	92,204.00	292	51,976.00	810	144,180.00	20
B3	T-06	274	397,848.00	180	261,360.00	454	659,208.00	9
B3	T-07	360	225,000.00	497	310,625.00	857	535,625.00	13
B3	T-08	328	1,241,808.00	307	1,162,302.00	635	2,404,110.00	3
A2	U-01	250	228,500.00	378	345,492.00	628	573,992.00	12
A2	U-02	555	670,440.00	411	496,488.00	966	1,166,928.00	4
A2	U-03	124	107,880.00	179	155,730.00	303	263,610.00	19
A2	U-04	658	229,642.00	362	126,338.00	1020	355,980.00	16
A2	U-05	318	104,622.00	650	213,850.00	968	318,472.00	18
A2	U-06	392	191,688.00	279	136,431.00	671	328,119.00	17
A2	U-07	256	328,192.00	438	561,516.00	694	889,708.00	5

图 4-4　产品销售汇总表

1.2　任务分析

小张将文档拷贝到自己的电脑中，仔细分析了素材文件和要求后，他发现自己对 Excel 的基本操作，比如设置单元格格式、简单公式的使用等可以很顺利地完成，但对一些高级操作技巧还不熟练。请教了有经验的同事后，小张知道要完成该任务的统计工作，需要用到垂直查找函数 VLOOKUP( )、带条件求和函数 SUMIFS( )、排位函数 RANK( )。小张认真研究了这几个函数的用法，然后把它们应用到该任务中。同事特别提醒小张注意单元格引用时的相对引用、绝对引用和混合引用的区别和使用场合。

经过几个小时的努力，小张圆满完成了统计任务，排版结果如图 4-2 至图 4-4 所示。具体操作如下。

1.3　任务实现

1. 打开素材文件并重命名

（1）打开"Excel 素材 .xlsx"素材文件。

（2）单击"文件"选项卡下的"另存为"按钮，弹出"另存为"对话框，在该对话框中将"文件名"设为"一二季度销售统计表"并保存。

2. 插入 VLOOKUP 公式并设置格式

（1）在"一季度销售情况表"工作表中的 E2 单元格中，插入公式" = VLOOKUP(B2，产品基本信息表！ $B \$1： $C \$21，2，0)"，按 Enter 键，双击右下角的填充柄自动填充。

（提示：VLOOKUP 是一个查找函数（如图 4-5 所示），给定一个查找的目标，它就能从指定的查找区域中查找并返回想要查找到的值。本任务中" = VLOOKUP(B2，产品基本信息表！ $B \$1： $C \$21，2，0)"的含义如下：

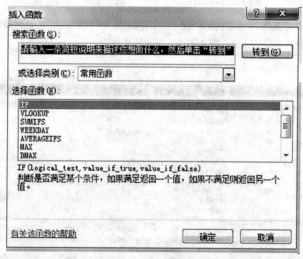

图 4-5　插入函数

参数 1——查找目标："B2"。将在参数 2 指定区域的第 1 列中查找与 B2 相同的单元格。

参数 2——查找范围："产品基本信息表！ $B \$1： $C \$21"表示"产品基本信息表"工作表中的 B1： C21 数据区域。注意：查找目标一定要在该区域的第一列。

参数 3——返回值的列数："2"表示参数 2 中工作表的第 2 列。如果在参数 2 中找到与参数 1 相同的单元格，则返回第 2 列的内容。

参数4——精确或模糊查找：决定查找精确匹配值还是近似匹配值。第4个参数如果值为0或FALSE则表示精确查找，如果找不到精确匹配值，则返回错误值#N/A。如果值为1或TRUE，或者省略时，则表示模糊查找。)

（2）在F2单元格中输入公式"=D2 * E2"，按Enter键，双击右下角的填充柄自动填充。

（3）选中E列和F列，单击"开始"选项卡下"数字"选项组中的对话框启动器按钮，设置为数值、2位小数，并勾选"使用千位分隔符"。

（4）按步骤1-3相同的方法，在"二季度销售情况表"的E2和F2单元格中输入相应的公式并设置格式。

3. 插入SUMIFS函数并自动填充

（1）选中"产品销售汇总表"的D、F、H列，单击"开始"选项卡下"数字"选项组中的对话框启动器按钮，设置为数值、0位小数，勾选"使用千位分隔符"，对齐方式设为右对齐。

（2）在C2单元格中插入公式"=SUMIFS(一季度销售情况表! \$B \$2:\$B \$44,B2,一季度销售情况表! \$D \$2:\$D \$44)"，按Enter键，双击右下角的填充柄自动填充。

（提示：SUMIFS函数是指对指定单元格区域中符合一个条件的单元格求和。本任务中"=SUMIF(一季度销售情况表! \$B \$2:\$B \$44,B2，一季度销售情况表! \$D \$2:\$D \$44)"是指在参数1指定区域中查找产品型号为B2的销售量，并对其一季度销量求总和。具体参数含义如下：

参数1——条件区域：用于条件判断的单元格区域；

参数2——求和的条件：判断哪些单元格将被用于求和的条件；

参数3——实际求和区域：要求和的实际单元格、区域或引用。如果省略，Excel会对在参数1中指定的单元格求和。)

（3）在D2单元格中插入公式"=SUMIFS(一季度销售情况表! \$B \$2:\$B \$44,B2,一季度销售情况表! \$F \$2:\$F \$44)"，按Enter键，双击右下角的填充柄自动填充。

（4）在E2单元格中插入公式"=SUMIFS(二季度销售情况表! \$B \$2:\$B \$43,B2,二季度销售情况表! \$D \$2:\$D \$43)"，按Enter键，双击右下角的填充柄自动填充。

（5）在F2单元格中插入公式"=SUMIFS(二季度销售情况表! \$B \$2:\$B \$43,B2,二季度销售情况表! \$F \$2:\$F \$43)"，按Enter键，双击右下角的填充柄自动填充。

（6）在G2单元格中输入公式"=C2+E2"。

（7）在H2单元格中输入公式"=D2+F2"。

4. 插入RANK公式并自动填充

（1）在I2单元格中插入公式"=RANK(H2,\$H \$2:\$H \$21,0)"，按Enter键，双击右下角的填充柄自动填充。

（提示：RANK函数是排位函数，主要功能是返回一个数值在指定数值列表中的排位。本任务中"=RANK(H2,\$H \$2:\$H \$21,0)"是指求取H2单元格中的数值在单元格区域H2：H21中的降序排位。)

（2）选中I2：I21单元格区域，单击"开始"选项卡下"样式"选项组中的"条件格式"下拉按钮，在下拉列表中选择"突出显示单元格规则"→"其他规则"（见图 4-6），弹出的"新建格式规则"对话框（见图 4-7），单击"选择规则类型"选项组中"仅对排名靠前或靠后的数值设置格式"选项，在"编辑规则说明"选项组中设为"前"、"3"。

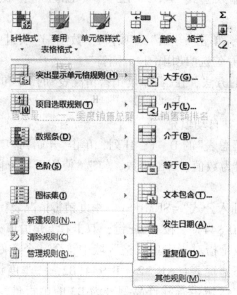

图 4-6 条件格式

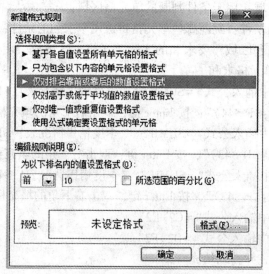

图 4-7 新建格式规则

（3）单击"格式"按钮，弹出"设置单元格格式"对话框，切换至"填充"选项卡，将背景色设置为"绿色"，单击"确定"按钮，返回到"新建格式规则"对话框，再次单击"确定"按钮。

（4）按相同的方法为"后三"设置"红色"背景。

（说明：根据 Excel 语法规则，前三指数值最大的，后三指数值最小的，依题意，前三
（1、2、3）显示为红色，故本题的规则中应设置为绿，同理，后三在规则中应设置为红。）

5. 套用表格格式

（1）在"产品销售汇总表"中选择 A1：I21 单元格，单击"开始"选项卡下"样式"选项
组中的"套用表格格式"按钮，选择一种表格格式。

（2）在弹出的"套用表格式"对话框中勾选"表包含标题（M）"复选框，单击"确定"
按钮。

（3）单击"开始"选项卡下"编辑"选项组中的"排序或筛选"按钮，在下方单击"筛选"
按钮，取消列标题行的筛选标记。

6. 新建"透视分析"工作表

（1）新建一个工作表，命名为"透视分析"。

（2）在"产品销售汇总表"工作表中选择 A1：I21 单元格区域，单击"插入"选项卡下
"表格"组中的"插入数据透视表"按钮，在对话框中选择"现有工作表"，位置为"透视分
析！$A $3"，单击"确定"按钮。

（3）在"选择要添加到报表的字段"列表框中选择"产品类别代码"，拖曳至"行标签"
列表框中，然后分别将"一季度销售额"、"二季度销售额"、"一、二季度销售总额"添加
至"数值"列表框中。

（4）在工作表中选择"行标签"，命名为"产品类别"，将其他字段分别设置为"第一季
度销售额"、"第二季度销售额"、"两个季度销售总额"。

（5）单击"产品类别"右侧的"自动排序"按钮，在弹出的下拉列表中选择"其他排序选
项"，在弹出的对话框中单击"降序排序（Z 到 A）依据"单选按钮，在其下方的下拉列表中
选择"两个季度销售总额"选项，单击"确定"按钮即可完成操作。

（6）选择 B、C、D 列，单击"开始"选项卡下"数字"选项组中的对话框启动器按钮，
设置为数值型、0 位小数，并勾选"使用千位分隔符"。

7. 设置工作表标签

（1）在"透视分析"工作表标签上单击鼠标右键，在弹出的快捷菜单中选择"工作表标
签颜色"选项，在颜色列表中选择"紫色"。

（2）向右拖动"透视分析"工作表标签，将其放置在"产品销售汇总表"的右侧。

任务二　期末成绩表的制作

2.1　情境创设

小张是一所初中的学生处负责人，负责本校学生的成绩管理。他通过 Excel 来管理学
生成绩，现在第一学期的期末考试刚刚结束，小张将初一年级三个班级部分学生的成绩录
入文件名为"第一学期期末成绩 .xlsx"的 Excel 工作簿文档中。小张需要按照下列要求对
该成绩单进行整理和分析。

1. 对"第一学期期末成绩"工作簿进行格式调整，通过套用表格格式的方法将所有成
绩记录调整为一致的外观格式，并对该工作表"第一学期期末成绩"中的数据列表进行格

式化操作：将第一列"学号"列设为文本，将所有成绩列设为保留两位小数的数值，设置对齐方式，增加适当的边框和底纹以使工作表更加美观。

2. 利用"条件格式"功能进行下列设置：将语文、数学、外语三科中不低于 110 分的成绩所在的单元格以一种颜色填充，所有颜色深浅以不遮挡数据为宜。

3. 利用 SUM 和 AVERAGE 函数计算每一个学生的总分和平均成绩。

4. 学号第 4、第 5 位代表学生所在的班级，例如："C120101"代表 12 级 1 班。通过函数提取每个学生所在的专业并按下列对应关系填写在"班级"列中（如表 4-1 所示）：

表 4-1　　　　　　　　　　　　　对 应 样 表

"学号"的 4、5 位	对应的班级
01	1 班
02	2 班
03	3 班

5. 根据学生的学号，在"第一学期期末成绩"工作表的"姓名"列中，使用 VLOOKUP 函数完成姓名的自动填充。"姓名"和"学号"的对应关系在"学号对照"工作表中。

6. 在"成绩分类汇总"中通过分类汇总功能求出每个班各科的最大值，并将汇总结果显示在数据下方。

7. 以分类汇总结果为基础，创建一个簇状条形图，对每个班各科最高值进行比较。

2.2　任务分析

经过一段时间的学习，小张对 Excel 的操作已经比较熟悉了，能熟练运用 SUM、AVERAGE、IF 等常用函数。为了解决根据学号匹配班级的问题，小张发现可以用 MID 函数来实现。没多久，小张就顺利完成了该任务，最终效果如图 4-8、图 4-9 所示。

学号	姓名	班级	语文	数学	英语	生物	地理	历史	政治	总分	平均分
C120305	王清华	3班	91.50	89.00	94.00	92.00	91.00	86.00	86.00	629.50	89.93
C120101	包宏伟	1班	97.50	106.00	108.00	98.00	99.00	99.00	96.00	703.50	100.50
C120203	吉祥	2班	93.00	99.00	92.00	86.00	86.00	73.00	92.00	621.00	88.71
C120104	刘康锋	1班	102.00	116.00	118.00	78.00	88.00	86.00	74.00	657.00	93.86
C120301	刘鹏举	3班	99.00	98.00	101.00	95.00	91.00	95.00	78.00	657.00	93.86
C120306	齐飞扬	3班	101.00	94.00	99.00	90.00	87.00	95.00	93.00	659.00	94.14
C120206	周朝霞	2班	100.50	103.00	104.00	88.00	89.00	78.00	90.00	652.50	93.21
C120302	孙玉敏	3班	78.00	95.00	94.00	82.00	90.00	93.00	84.00	616.00	88.00
C120204	苏解放	2班	95.50	92.00	96.00	84.00	95.00	91.00	92.00	645.50	92.21
C120201	杜学江	2班	94.50	107.00	96.00	100.00	93.00	92.00	93.00	675.50	96.50
C120304	李北大	3班	95.00	97.00	102.00	93.00	95.00	92.00	88.00	662.00	94.57
C120103	李娜娜	1班	95.00	85.00	94.00	89.00	92.00	92.00	88.00	649.00	92.71
C120105	张桂花	1班	88.00	98.00	101.00	89.00	73.00	95.00	91.00	635.00	90.71
C120202	陈万地	2班	86.00	107.00	89.00	88.00	92.00	88.00	89.00	639.00	91.29
C120205	倪冬声	2班	103.50	105.00	105.00	93.00	93.00	90.00	86.00	675.50	96.50
C120102	符合	1班	110.00	95.00	98.00	99.00	93.00	93.00	92.00	680.00	97.14
C120303	曾令煊	3班	85.50	100.00	97.00	87.00	78.00	93.00	93.00	629.50	89.93
C120106	谢如康	1班	90.00	111.00	116.00	75.00	95.00	93.00	95.00	675.00	96.43

图 4-8　期末成绩表

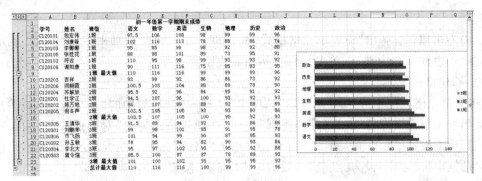

图 4-9　成绩分类汇总表

2.3　任务实现

1. 设置单元格格式

（1）启动"第一学期期末成绩.xlsx"。

（2）选中单元格 A2：L20，单击"开始"选项卡下"样式"选项组中的"套用表格格式"，在下拉列表中选择"表样式浅色 16"。

（3）选中"学号"列，右击鼠标，在弹出的快捷菜单中选择"设置单元格格式"（如图 4-10 所示），弹出"设置单元格格式"对话框，在"数字"选项卡下"分类"选项组中选择"文本"，单击"确定"按钮即可完成设置。

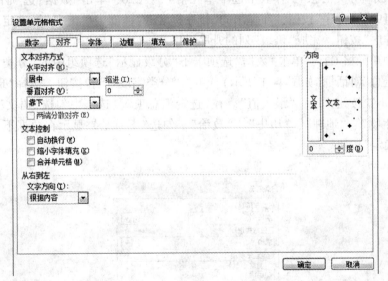

图 4-10　设置单元格格式

（4）选中所有成绩列，右击鼠标并在弹出的快捷菜单中选择"设置单元格格式"，弹出"设置单元格格式"对话框，在"数字"选项卡下"分类"选项组中选择"数值"，在小数位数微调框中设置小数位数为 2，单击"确定"按钮。

（5）选中所有文字内容单元格，单击"开始"选项卡下"对齐方式"选项组中的"居中"

按钮。

（6）右击鼠标，弹出"设置单元格格式"对话框，在"边框"选项卡下的"预置"选项组中选择"外边框"和"内部"。单击"确定"按钮完成设置。

2. 新建格式规则

选中单元格 D2：F20，单击"开始"选项卡下"样式"选项组中的"条件格式"按钮，选择"突出显示单元格规则"中的"其他规则"，弹出"新建格式规则"对话框，在"编辑规则说明"选项下设置单元格值大于或等于 110，单击"格式"按钮，在弹出的"设置单元格格式"对话框中将"填充"设为"红色"，然后单击"确定"按钮。

3. 插入"SUM"与"AVERAGE"公式

（1）在 K3 单元格中输入"=SUM(D3:J3)"，按 Enter 键后完成总分的自动填充。

（2）在 L3 单元格中输入"=AVERAGE(D3:J3)"，按 Enter 键后完成平均分的自动填充。

4. 设置条件

在 C3 单元格中输入"=IF(MID(A3,4,2)="01","1 班",IF(MID(A3,4,2)="02","2班","3 班"))"，按 Enter 键后完成班级的自动填充。

5. 插入 VLOOKUP 公式

在 B3 单元格中输入"=VLOOKUP(A3,学号对照！$A$3:$B$20,2,FALSE)"，按Enter 键后完成姓名的自动填充。

6. 分类汇总

（1）在"成绩分类汇总"工作表中选中单元格 C3：C20，单击"数据"选项卡下"排序和筛选"选项组中的"升序"按钮，在弹出的"排序提醒"对话框中单击"扩展选定区域"按钮。最后单击"排序"按钮，完成"班级"列的升序排序。

（2）选中单元格 C21，单击"数据"选项卡下"分级显示"选项组中的"分类汇总"按钮，弹出"分类汇总"对话框（如图 4-11 所示），单击"分类字段"下拉按钮，选择"班级"；单击"汇总方式"下拉按钮，选择"最大值"。在"选定汇总项"复选框中勾选"语文"、"数学"、"英语"、"生物"、"地理"、"历史"、"政治"。勾选"汇总结果显示在数据下方"复选框，最后单击"确定"按钮。

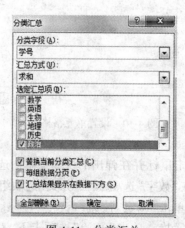

图 4-11　分类汇总

7. 插入图表

（1）选中每个班各科最大成绩所在的单元格，单击"插入"选项卡下"图表"选项组中"条形图"按钮，选择"簇状条形图"。

（2）右击图表区，选择"选择数据"，弹出"选择数据源"对话框，选中"图例项"下的"系列1"，单击"编辑"按钮，在弹出的"编辑数据系列"对话框中的"系列名称"项中输入"1班"。单击"确定"按钮后按照同样方法编辑"系列2"、"系列3"为"2班"、"3班"。

（3）在"选择数据源"对话框中，选中"水平（分类）轴标签"下的"1"，单击"编辑"按钮，弹出"轴标签"对话框，在"轴标签区域"下输入"语文，数学，英语，生物，地理，历史，政治"，单击"确定"按钮即可完成设置。

8. 保存工作表

单击"保存"按钮，将工作表"第一学期期末成绩 . xlsx"保存。

任务三 课时费数据表的制作

3.1 情境创设

小张是武汉某师范大学财务处的会计，计算机系的计算机基础室提交了该教研室在2018 年的授课情况，希望财务处尽快核算并发放课时费。小张需要根据所给的"素材 . xlsx"中的各种情况，核算出计算机基础室在 2018 年度的每个教员的课时费。具体要求如下：

1. 将"素材 . xlsx"另存为"课时费 . xlsx"的文件，所有的操作均基于此文件。

2. 将"课时费 . xlsx"标签颜色更改为红色，将第一行根据表格情况合并为一个单元格并设置合适的字体、字号，使其成为该工作表的标题。对 A2：I22 区域套用合适的中等深浅的、带标题行的表格格式。将前 6 列对齐方式设为居中；其余与数值和金额有关的列，均将标题设为居中，值设为右对齐；设置学时数为整数，金额为货币样式并保留两位小数。

3. "课时费统计表"中 F 列至 I 列中的空白内容必须采用公式来计算结果。根据"教师基本信息"工作表和"课时费标准"工作表来计算"职称"和"课时标准"列的内容；根据"授课信息表"和"课程基本信息"工作表来计算"学时数"列的内容，最后完成"课时费"列的计算（提示：建议对"授课信息表"中的数据按姓名排序后增加"学时数"列，并通过VLOOKUP 查询"课程基本信息"表来获得相应的值）。

4. 根据"课时费统计表"创建一个数据透视表，保存在新的工作表中。其中报表筛选条件为"年度"，列标签"教研室"，行标签为"职称"，求和项为"课时费"。在该透视表下方的 A12：F24 区域内插入一个饼图，显示计算机基础室课时费对应职称的分布情况。将该工作表命名为"数据透视图"，表标签颜色为蓝色。

5. 保存"课时费 . xlsx"文件。

3.2　任务分析

小张仔细分析了原始数据和要求，他发现通过 VLOOKUP 函数和 SUMIFS 函数就可以实现该任务中比较难的课时费统计工作。很快，小张就完成了该任务，效果如图 4-12、图 4-13 所示。

序号	年度	系	教研室	姓名	职称	课时标准	学时数	课时费
			计算机基础室2018年度课时费统计表					
1	2018	计算机系	计算机基础室	陈国庆	教授	¥120.00	160	¥19,200.00
2	2018	计算机系	计算机基础室	张慧龙	教授	¥120.00	192	¥23,040.00
3	2018	计算机系	计算机基础室	崔咏絮	副教授	¥100.00	208	¥20,800.00
4	2018	计算机系	计算机基础室	龚自飞	副教授	¥100.00	208	¥20,800.00
5	2018	计算机系	计算机基础室	李浩然	副教授	¥100.00	152	¥15,200.00
6	2018	计算机系	计算机基础室	王一斌	副教授	¥100.00	168	¥16,800.00
7	2018	计算机系	计算机基础室	向玉瑶	副教授	¥100.00	80	¥8,000.00
8	2018	计算机系	计算机基础室	陈清河	讲师	¥80.00	208	¥16,640.00
9	2018	计算机系	计算机基础室	金洪山	讲师	¥80.00	208	¥16,640.00
10	2018	计算机系	计算机基础室	李传东	讲师	¥80.00	192	¥15,360.00
11	2018	计算机系	计算机基础室	李建州	讲师	¥80.00	176	¥14,080.00
12	2018	计算机系	计算机基础室	李云雨	讲师	¥80.00	128	¥10,240.00
13	2018	计算机系	计算机基础室	苏玉叶	讲师	¥80.00	160	¥12,800.00
14	2018	计算机系	计算机基础室	王伟峰	讲师	¥80.00	160	¥12,800.00
15	2018	计算机系	计算机基础室	王兴发	讲师	¥80.00	160	¥12,800.00
16	2018	计算机系	计算机基础室	夏小萍	讲师	¥80.00	120	¥9,600.00
17	2018	计算机系	计算机基础室	许五多	讲师	¥80.00	120	¥9,600.00
18	2018	计算机系	计算机基础室	张定海	讲师	¥80.00	120	¥9,600.00
19	2018	计算机系	计算机基础室	蒋山农	助教	¥60.00	96	¥5,760.00
20	2018	计算机系	计算机基础室	薛馨子	助教	¥60.00	96	¥5,760.00

图 4-12　课时费统计表

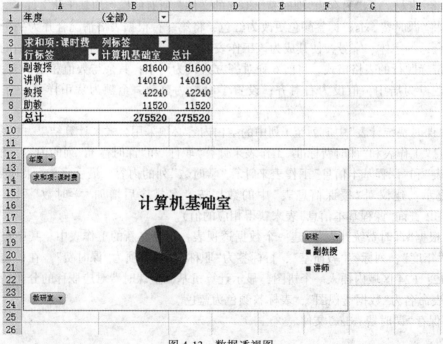

图 4-13　数据透视图

3.3 任务实现

1. 打开素材文件并重命名

打开素材文件"素材.xlsx"，单击"文件"选项卡下的"另存为"按钮将此文件另存为"课时费.xlsx"的文件。

2. 设置表标签与工作表格式

(1)右击"课时费统计表"，在弹出的快捷菜单中单击"工作表标签颜色"选项，将"主体颜色"设为"红色"。

(2)在"课时费统计表"表中，选中第一行，单击鼠标右键，在弹出的下拉列表中选择"设置单元格格式"命令，弹出的"设置单元格格式"对话框，在"对齐"选项卡下"文本控制"组中勾选"合并单元格"；切换至"字体"选项卡，在"字体"下拉列表中选择"黑体"，在"字号"下拉列表中选择"14"。

(3)选中 A2：I22 区域，单击"开始"选项卡下"样式"选项组中的"套用表格格式"按钮，在打开的下拉列表中选择"表样式中等深浅 5"。此时弹出"套用表格格式"对话框，勾选"表包含标题"复选框，最后单击"确定"按钮即可。

(4)选中前 6 列，单击鼠标右键，在弹出的下拉列表中选择"设置单元格格式"命令，弹出"设置单元格格式"对话框。在"对齐"选项卡下"文本对齐方式"选项组的"水平对齐"下拉列表框中选择"居中"，最后单击"确定"即可。

(5)根据题意，选中与数值和金额有关的列标题，单击鼠标右键，在弹出的下拉列表中选择"设置单元格格式"命令，弹出"设置单元格格式"对话框，在"对齐"选项卡下"文本对齐方式"选项组的"水平对齐"下拉列表框中选择"居中"，设置完毕后单击"确定"按钮即可。

(6)然后再选中与数值和金额有关的列，按照同样的方式打开"设置单元格格式"对话框，在"对齐"选项卡下"文本对齐方式"选项组的"水平对齐"下拉列表框中选择"靠右(缩进)"，设置完毕后单击"确定"按钮即可。

(7)选中"学时数"所在的列，单击鼠标右键，在弹出的下拉列表中选择"设置单元格格式"命令。在弹出的"设置单元格格式"对话框中切换至"数字"选项卡，在"分类"中选择"数值"，在右侧的"小数位数"微调框中选择"0"，设置完毕后单击"确定"按钮即可。

(8)选中"课时费"和"课时标准"所在的列，按照同样的方式打开"设置单元格格式"对话框，切换至"数字"选项卡，在"分类"中选择"货币"，在右侧的"小数位数"微调框中选择"2"，设置完毕后单击"确定"按钮即可。

3. 利用公式计算课时费

(1)在采用公式来计算"课时费统计表"中的 F 至 L 列中的空白内容之前，为了方便结果的计算，我们先给"教师基本信息"工作表和"课时费标准"工作表的数据区域定义名称。首先切换至"教师基本信息"表，选中数据区域后单击鼠标右键，在弹出的下拉列表中选择"定义名称"命令，打开"新建名称"对话框，在"名称"中输入"教师信息"后单击"确定"即可。按照同样的方法将"课时费标准"工作表的数据区域定义名称为"费用标准"。

(2)先根据"教师基本信息"表计算"课时费统计表"中"职称"列的内容。选中"课时费统计表"中的 F3 单元格，输入公式"= VLOOKUP（E3，教师信息，5，FALSE）"，按 Enter 键即可将对应的职称数据引用至"课时费统计表"中。

（3）对"课时标准"列的计算可参考上一步中计算"职称"列的方法，此处不再赘述。

（4）现在根据"授课信息表"和"课程基本信息"工作表来计算"学时数"列的内容。按照同样的方式先对"课程基本信息"的数据区域定义名称，此处定义为"课程信息"。

（5）再对"授课信息表"中的数据按姓名排序。选中"姓名"列，单击"数据"选项卡下"排序和筛选"选项组中的"升序"按钮，打开"排序提醒"对话框，保持默认选项，然后单击"排序"按钮即可。

（6）在"授课信息表"的 F2 单元格中增加"学时数"列，即输入"学时数"字样。

（7）再根据计算"课时费统计表"中"职称"列的内容，以同样的方式引用"课程基本信息"中的学时数数据至对应的"授课信息表"中。

（8）最后我们来计算"课时费统计表"中的"学时数"列。选中 H3 单元格，输入公式"= SUMIF（授课信息表！\$D\$3：\$D\$72，E3，授课信息表！\$F\$3：\$F\$72）"，然后按"Enter"键即可。

（9）在 I3 单元格中输入公式"= G3 * H3"即可完成课时费的计算。

4. 创建数据透视表

（1）在创建数据透视表之前，要保证数据区域必须要有列标题，并且该区域中没有空行。

（2）选中"课时费统计表"工作表的数据区域，在"插入"选项卡下的"表格"选项组中单击"数据透视表"按钮，打开"创建数据透视表"对话框。

（3）"选择一个表或区域"项下的"表/区域"框显示出当前已选择的数据源区域。此处对默认选项不作更改。

（4）指定数据透视表存放的位置。选中"新工作表"，单击"确定"按钮。Excel 会将空的数据透视表添加到指定位置，并在右侧显示"数据透视表字段列表"窗口（如图 4-14 所示）。

（5）根据题意来选择要添加到报表的字段。将"年度"拖曳至"报表筛选"条件、"教研室"拖曳至"列标签"、"职称"拖曳至"行标签"、"课时费"拖曳至"数值"中求和。

（6）单击数据透视表区域中的任意单元格，打开"数据透视表工具"，单击"选项"选项卡下"工具"选项组中的"数据透视图"按钮，打开"插入图表"对话框。根据题意，此处我们选择"饼图"选项。单击"确定"按钮后返回数据透视工作表中，根据题意，拖动饼图至 A12：F24 单元格内即可。

（7）为该工作表命名。双击数据透视表的工作表名，重新输入"数据透视图"字样。

（8）鼠标右击表名"数据透视图"，在弹出的快捷菜单中选择"工作表标签颜色"，将"主体颜色"设为"蓝色"。

（9）单击"保存"按钮以保存"课时费 . xlsx"文件。

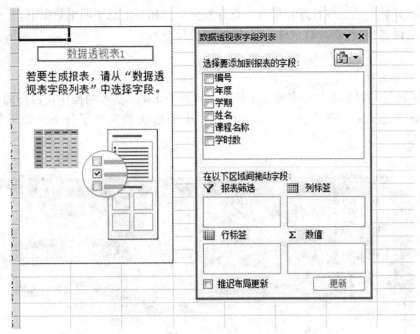

图 4-14　数据透视表字段列表

任务四　银行存款日记账的制作

4.1　情境创设

小张是公司的出纳，单位没有购买财务软件，因此她只能手工记账。为了节省时间并保证记账的准确性，小张使用 Excel 来编制银行存款日记账。她需要根据该公司九月份的"银行流水账表格 .docx"，在 Excel 中建立银行存款日记账，具体要求如下：

1. 按照表中所示来依次输入原始数据，其中：在"月"列中以填充的方式输入"九"，将表中的数值的格式设为数值，保留两位小数。

2. 输入并填充公式：在"余额"列输入计算公式，余额＝上期余额+本期借方−本期贷方，以自动填充方式来生成其他公式。

3. "方向"列中只能有借、贷、平三种选择，首先利用数据有效性来控制该列的输入范围为借、贷、平中的一种，然后通过 IF 函数输入"方向"列内容，判断条件如表 4-2 所示：

表 4-2　　　　　　　　　　　　　判　断　条　件

余额	大于 0	等于 0	小于 0
方向	借	平	贷

4. 设置格式。将第一行中的各个标题居中显示，并且为数据列表自动套用格式后将其转换为区域。

5. 通过分类汇总，按日计算借方、贷方发生额总和并汇总于明细数据下方。

6. 以文件名“银行存款日记账 . xlsx”进行保存。

4.2 任务分析

小张接到任务后立即着手实施。本任务主要涉及 Excel 基本的操作：数据的录入、填充、单元格格式设置、简单公式函数的使用。小张很快就完成了任务，效果如图 4-15 所示。

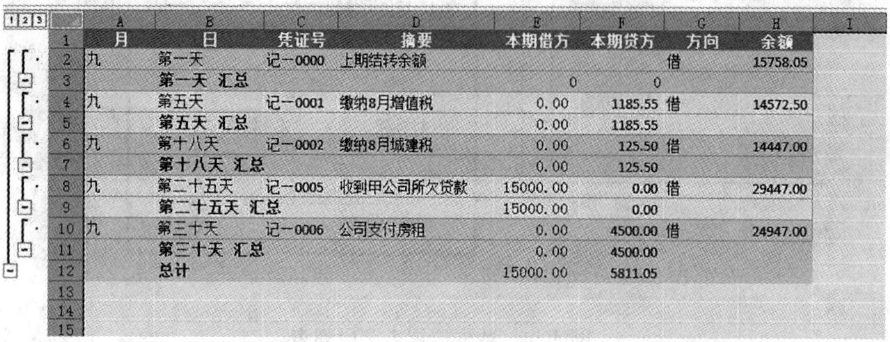

月	日	凭证号	摘要	本期借方	本期贷方	方向	余额
九	第一天	记一0000	上期结转余额			借	15758.05
	第一天 汇总			0	0		
九	第五天	记一0001	缴纳8月增值税	0.00	1185.55	借	14572.50
	第五天 汇总			0.00	1185.55		
九	第十八天	记一0002	缴纳8月城建税	0.00	125.50	借	14447.00
	第十八天 汇总			0.00	125.50		
九	第二十五天	记一0005	收到甲公司所欠贷款	15000.00	0.00	借	29447.00
	第二十五天 汇总			15000.00	0.00		
九	第三十天	记一0006	公司支付房租	0.00	4500.00	借	24947.00
	第三十天 汇总			0.00	4500.00		
	总计			15000.00	5811.05		

图 4-15 银行流水账表格

4.3 任务步骤

1. 输入数据并调整格式

(1)首先按照素材“银行流水账表格 . docx”中所示来依次输入原始数据。

(2)然后在“月”列中以填充的方式输入“九”。将鼠标光标放置于 A2 单元格右下角的填充柄处，待鼠标变成黑色十字形状后按住左键不放，向下拖动以填充直至 A6 单元格处。

(3)将表中数值格式设为数值并保留 2 位小数。此处我们选择 E3 单元格，单击鼠标右键，在弹出的下拉列表中选择“设置单元格格式”命令。

(4)在弹出的“设置单元格格式”对话框中切换至“数字”选项卡，在“分类”选项组中选择“数值”，在右侧的“小数位数”微调框中选择“2”。单击“确定”按钮后即可完成设置。

(5)按照同样的方式分别将其他含有数值的单元格格式设为数值、保留两位小数。

2. 输入余额计算公式并填充

(1)根据题意，在 H3 单元格中输入余额的计算公式“=H2+E3-F3”，按“Enter”键确认即可得出本期余额的计算结果。

(2)其他余额的计算采用自动填充公式的方式。选中 H3 单元格，将鼠标光标置于 H3 单元格右下角的填充柄处，待鼠标变成黑色十字形状后按住左键不放，向下拖动以填充直至 H6 单元格处。

3. 在“方向”列中输入数据

(1)选定“方向”列中的 G2：G6 区域，在“数据”选项卡下“数据工具”选项组中单击“数据有效性”按钮，打开“数据有效性”对话框(如图 4-16 所示)。

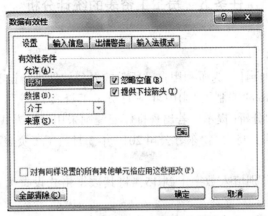

图 4-16 "数据有效性"对话框

(2)切换至"设置"选项卡，在"允许"下拉列表框中选择"序列"命令；在"来源"文本框中输入"借，贷，平"(注意要用英文输入状态下的逗号来分隔)，勾选"忽略空值"和"提供下拉菜单"两个复选框。

(3)再切换至"输入信息"选项卡，勾选"选定单元格显示输入信息"复选框，在"输入信息"中输入"请在这里选择"，单击"确定"按钮后即可在"方向"列中看到实际效果。

(4)根据题意，通过 IF 函数输入"方向"列内容。在"G2"单元格中输入" = IF(H2 = 0，"平"，IF(H2>0，"借"，"贷"))"，然后按"Enter"键确认。

(5)按照同样的方式通过 IF 函数向"方向"列的其他单元格内输入内容。

4. 套用表格样式并将表格转换为区域

(1)选中 A1：H1 单元格，在"开始"菜单下的"对齐方式"选项组中单击"居中"按钮，即可将第一行中的各个标题居中显示。

(2)选中数据区域，在"开始"菜单下的"样式"选项组中单击"套用表格格式"按钮，在弹出的下拉列表中选择"中等深浅"选项组中的"表样式中等深浅 2"。单击鼠标选中后弹出"套用表格式"对话框，在此对话框中勾选"表包含标题"复选框，单击"确定"按钮后即可为数据列表套用自动表格样式。

(3)选中表格，打开"表格工具"，单击"设计"选项卡下"工具"选项组中的"转换为区域"按钮，最后单击"是"即可将表格转换为普通区域。

5. 进行分类汇总

(1)选中数据区域，单击"数据"选项卡下"分级显示"选项组中的"分类汇总"按钮。

(2)弹出"分类汇总"对话框，在"分类字段"中选择"日"，在"汇总方式"中选择"求和"，在"选定汇总项"中勾选"本期借方"和"本期贷方"。单击"确定"按钮后即可看到实际汇总效果。

6. 以指定文件名来保存文件

单击功能区中的"文件"选项卡，在打开的后台视图中单击"另存为"按钮，在随后弹出的"另存为"对话框中以文件名"银行存款日记账 .xlsx"来保存文件。

任务五 员工工资表的统计分析

5.1 情境创设

小张是东方公司的会计，为了利用自己所学的办公软件进行记账管理，同时又确保记账的准确性，她使用 Excel 编制了“2019 年 3 月员工工资表 . xlsx”。她需要根据下列要求对该工资表进行整理和分析(提示：若出现排序问题则采用升序方式)：

1. 通过合并单元格，将表名“东方公司 2019 年 3 月员工工资表”置于整个表的上端并居中，调整字体、字号。

2. 在“序号”列中分别填入数字 1 到 15，将其数据格式设置为数值、保留 0 位小数、居中。

3. 将“基础工资”(含)往右各列设置为会计专用格式、保留 2 位小数、无货币符号。

4. 调整表格各列宽度、对齐方式，使得显示更加美观。设置纸张大小为 A4、横向，整个工作表需要调整在一个打印页面内。

5. 参考所给的“工资薪金所得税率 . xlsx”文件，利用 IF 函数计算“应交个人所得税”列(提示：应交个人所得税=应纳税所得额 * 对应税率-对应速算扣除数)。

6. 利用公式计算“实发工资”列，公式为：实发工资=应付工资合计-扣除社保-应交个人所得税。

7. 复制工作表，将副本放置到原表的右侧，并命名为“分类汇总”。

8. 在“分类汇总”工作表中，通过分类汇总功能求出各部门“应付工资合计”与“实发工资”的和，每组数据不分页。

5.2 任务分析

小张仔细分析了原始数据和要求，发现该任务难点在于应缴纳所得额和应交个人所得税的统计与分类汇总求各部门应付工资、实发工资的总和。小张请教了有经验的同事后，决定使用 ROUND、IF、SUMPRODUCT 等函数来解决这几个问题。小张很快就顺利地完成了任务，效果如图 4-17、图 4-18 所示。

东方公司2019年3月员工工资表

序号	员工工号	姓名	部门	基础工资	奖金	补贴	扣除病事假	应付工资合计	扣除社保	应纳税所得额	应交个人所得税	实发工资
1	DF001	包宏伟	管理	40,600.00	500.00	260.00	230.00	41,130.00	460.00	37,170.00	7,504.50	33,165.50
2	DF002	陈万地	管理	3,500.00		260.00	352.00	3,408.00	309.00	-	-	3,099.00
3	DF003	张惠	行政	12,450.00	500.00	260.00		13,210.00	289.00	9,421.00	1,350.25	11,570.75
4	DF004	闫朝霞	人事	6,050.00		260.00	130.00	6,180.00	360.00	2,320.00	127.00	5,693.00
5	DF005	吉祥	研发	6,150.00		260.00		6,410.00	289.00	2,621.00	157.10	5,963.90
6	DF006	李燕	管理	6,350.00	500.00	260.00		7,110.00	289.00	3,321.00	227.10	6,593.90
7	DF007	李娜娜	管理	10,550.00		260.00		10,810.00	206.00	7,104.00	865.80	9,738.20
8	DF008	刘康锋	研发	15,550.00	500.00	260.00	155.00	16,155.00	308.00	12,347.00	2,081.75	13,765.25
9	DF009	刘鹏举	销售	4,100.00		260.00		4,360.00	289.00	571.00	17.13	4,053.87
10	DF010	倪冬声	研发	5,800.00		260.00	25.00	6,035.00	289.00	2,246.00	119.60	5,626.40
11	DF011	齐飞扬	销售	5,050.00		260.00		5,310.00	289.00	1,521.00	47.10	4,973.90
12	DF012	苏解放	研发	3,000.00		260.00		3,260.00	289.00	-	-	2,971.00
13	DF013	孙玉敏	管理	12,450.00	500.00	260.00		13,210.00	289.00	9,421.00	1,350.25	11,570.75
14	DF014	王清华	行政	4,850.00		260.00		5,110.00	289.00	1,321.00	39.63	4,781.37
15	DF015	谢如康	管理	9,800.00		260.00		10,060.00	309.00	6,251.00	695.20	9,055.80

图 4-17 工资表

东方公司2019年3月员工工资表

序号	员工工号	姓名	部门	基础工资	奖金	补贴	扣除病事假	应付工资合计	扣除社保	应纳税所得额	应交个人所得税	实发工资
1	DF001	包宏伟	管理	40,600.00	500.00	260.00	230.00	41,130.00	460.00	37,170.00	7,504.50	33,165.50
2	DF002	陈万地	管理	3,500.00		260.00	352.00	3,408.00	309.00	-	-	3,099.00
3	DF003	张惠	行政	12,450.00	500.00	260.00		13,210.00	289.00	9,421.00	1,350.25	11,570.75
4	DF004	闫朝霞	人事	6,050.00		260.00	130.00	6,180.00	360.00	2,320.00	127.00	5,693.00
5	DF005	吉祥	研发	6,150.00		260.00		6,410.00	289.00	2,621.00	157.10	5,963.90
6	DF006	李燕	管理	6,350.00	500.00	260.00		7,110.00	289.00	3,321.00	227.10	6,593.90
7	DF007	李娜娜	管理	10,550.00		260.00		10,810.00	206.00	7,104.00	865.80	9,738.20
8	DF008	刘康锋	研发	15,550.00	500.00	260.00	155.00	16,155.00	308.00	12,347.00	2,081.75	13,765.25
9	DF009	刘鹏举	销售	4,100.00		260.00		4,360.00	289.00	571.00	17.13	4,053.87
10	DF010	倪冬声	研发	5,800.00		260.00	25.00	6,035.00	289.00	2,246.00	119.60	5,626.40
11	DF011	齐飞扬	销售	5,050.00		260.00		5,310.00	289.00	1,521.00	47.10	4,973.90
12	DF012	苏解放	研发	3,000.00		260.00		3,260.00	289.00	-	-	2,971.00
13	DF013	孙玉敏	管理	12,450.00	500.00	260.00		13,210.00	289.00	9,421.00	1,350.25	11,570.75
14	DF014	王清华	行政	4,850.00		260.00		5,110.00	289.00	1,321.00	39.63	4,781.37
15	DF015	谢如康	管理	9,800.00		260.00		10,060.00	309.00	6,251.00	695.20	9,055.80

分类汇总

部门	应付工资合计	实发工资
管理	85,728.00	73,223.15
行政	18,320.00	16,352.12
人事	6,180.00	5,693.00
研发	31,860.00	28,326.55
销售	9,670.00	9,027.77

图 4-18　分类汇总

5.3　任务实现

1. 合并单元格并调整表名字体与字号

(1)打开 Excel. xlsx。

(2)在“东方公司 2019 年 3 月员工工资表”中选中“A1：M1”单元格，单击“开始”选项卡下“对齐方式”选项组中的“合并后居中”按钮。

(3)选中 A1 单元格，切换至“开始”选项卡下“字体”选项组，设置表名“东方公司 2019 年 3 月员工工资表”字体为“楷体”、字号为“18 号”。

2. 设置单元格格式

(1)在“东方公司 2019 年 3 月员工工资表”的 A3 单元格中输入“1”，在 A4 单元格中输入“2”。按住 Ctrl 键向下填充至单元格 A17。

(2)选中“序号”列，单击鼠标右键，在弹出的快捷菜单中选择“设置单元格格式”命令，弹出“设置单元格格式”对话框，切换至“数字”选项卡，在“分类”列表框中选择“数值”命令，在右侧的“示例”选项组的“小数位数”微调框中输入“0”。

(3)在“设置单元格格式”对话框中切换至“对齐”选项卡，在“文本对齐方式”选项组下的“水平对齐”下拉列表框中选择“居中”，单击“确定”按钮关闭对话框。

3. 调整数字格式

在“东方公司 2019 年 3 月员工工资表”中选中“E：M”列，单击鼠标右键，在弹出的快捷菜单中选择“设置单元格格式”命令，弹出“设置单元格格式”对话框，切换至“数字”选项卡，在“分类”列表框中选择“会计专用”，在“小数位数”微调框中输入“2”，在“货币符号”下拉列表框中选择“无”。

4. 进行页面设置

(1)在“东方公司 2019 年 3 月员工工资表”中，单击“页面布局”选项卡下“页面设置”选项组中的“纸张大小”按钮，在弹出的下拉列表中选择“A4”。

(2)单击“页面布局”选项卡下“页面设置”选择组中的“纸张方向”按钮，在弹出的下拉列表中选择“横向”。

(3)适当调整表格各列宽度、对齐方式，使表格显示更加美观，并且使得页面在 A4 虚线框的范围内。

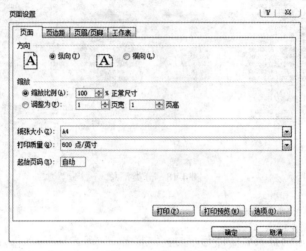

图 4-19　页面设置

5. 利用公式计算个人所得税

在"东方公司 2019 年 3 月员工工资表"的 L3 单元格中输入"=ROUND(IF(K3<=1500, K3 * 3/100, IF(K3<=4500, K3 * 10/100−105, IF(K3<=9000, K3 * 20/100−555, IF(K3<= 35000, K3 * 25%−1005, IF(K3<=5500, K3 * 30%−2755, IF(K3<=80000, K3 * 35%−5505, IF (K3>80000, K3 * 45%−13505)))))))), 2)"，按下"Enter"键后完成"应交个人所得税"的填充，然后向下填充公式到 L17 即可。

6. 利用公式计算实发工资

在"东方公司 2019 年 3 月员工工资表"的 M3 单元格中输入"=I3−J3−L3"，按"Enter"键后完成"实发工资"的填充，然后向下填充公式到 M17 即可。

7. 移动工作表并重命名

(1)选中"东方公司 2019 年 3 月员工工资表"并单击鼠标右键，在弹出的快捷菜单中选择"移动或复制"命令，打开"移动或复制工作表"对话框，在"下列选定工作表之前"列表框中选择"Sheet2"，勾选"建立副本"复选框。设置完成后单击"确定"按钮即可。

(2)选中"东方公司 2019 年 3 月员工工资表(2)"并单击鼠标右键，在弹出的快捷菜单中选择"重命名"命令，更改表名为"分类汇总"。

8. 利用公式完善分类汇总表

(1)在"分类汇总"工作表中数据下方建立小表格。

(2)在"分类汇总"工作表 K22 单元格输入"=SUMPRODUCT(1 * (D3：D17="管理"), I3：I17)"，按"Enter"键确认。

(3)在"分类汇总"工作表 L22 单元格输入"=SUMPRODUCT(1 * (D3：D17="管理"), M3：M17)"，按"Enter"键确认。

（4）参照步骤 2 和步骤 3，依次在"分类汇总"工作表 K23、L23、K24、L24、K25、L25、K26、L26 单元格中依次输入:"=SUMPRODUCT(1*(D3:D17="行政"),I3:I17)",",=SUMPRODUCT(1*(D3:D17="行政"),M3:M17)",",=SUMPRODUCT(1*(D3:D17="人事"),I3:I17)",",=SUMPRODUCT(1*(D3:D17="人事"),M3:M17)",",=SUMPRODUCT(1*(D3:D17="研发"),I3:I17)",",=SUMPRODUCT(1*(D3:D17="研发"),M3:M17)",",=SUMPRODUCT(1*(D3:D17="销售"),I3:I17)",",=SUMPRODUCT(1*(D3:D17="销售"),M3:M17)",按"Enter"键确认。

任务六 公司产品销售情况的统计分析

6.1 情境创设

销售部的助理小王需要针对 2017 年和 2018 年的公司产品销售情况进行统计与分析，以便制定新的销售计划和工作任务。他应按照如下要求来完成工作:

1. 打开"Excel_素材.xlsx"文件，将其另存为"Excel.xlsx"，之后所有操作均在"Excel.xlsx"文件中进行。

2. 在"订单明细"工作表中删除订单编号重复的记录（保留第一次出现的那条记录），但必须保持原订单明细的记录顺序。

3. 在"订单明细"工作表的"单价"列中，利用 VLOOKUP 函数计算并填写相对应图书的单价金额。图书名称与图书单价的对应关系可参考"图书定价"工作表。

4. 如果每订单的图书销量超过 40 本（含 40 本），则按照图书单价的 9.3 折进行销售；否则按照图书单价的原价进行销售。按照此规则，计算并填写"订单明细"工作表中每笔订单的"销售小计"，保留两位小数。要求该工作表中的金额以显示精度参与后续的统计计算。

5. 根据"订单明细"工作表的"发货地址"列信息，并参考"城市对照"工作表中省市与销售区域的对应关系，计算并填写"订单明细"工作表中每笔订单的"所属区域"。

6. 根据"订单明细"工作表中的销售记录，分别创建名为"北区"、"南区"、"西区"、"东区"的工作表，这 4 个工作表分别统计本销售区域各类图书的累计销售金额，统计格式参考"Excel_素材.xlsx"文件中的"统计样例"工作表，这 4 个工作表中的金额应设为带千分位的、保留两位小数的数值格式。

7. 在"统计报告"工作表中，分别根据"统计项目"列的描述，计算并填写所对应的"统计数据"单元格中的信息。

6.2 任务分析

小王打开工作文件，发现订单明细表数据量比较大，结构比较复杂，统计报告中需要统计的数据不能通过常规函数比如 IF 等来实现。为此她请教了销售部里有经验的同事，同事建议她用 VLOOKUP、MID、SUMIFS 等函数来完成统计工作。小王很快就顺利完成了该任务，效果如图 4-20 至图 4-25 所示。

Contoso 公司销售订单明细表

书店名称	图书名称	单价	销量（本）	发货地址	所属区域	销售额小计
鼎盛书店	《计算机基础及MS Office应用》	¥ 41.30	12	福建省厦门市思明区莲岳路118号中烟大厦1702室	南区	495.60
博达书店	《嵌入式系统开发技术》	¥ 43.90	20	广东省深圳市南山区蛇口港湾大道2号	南区	878.00
博达书店	《操作系统原理》	¥ 41.10	41	上海市闵行区浦建路699号	东区	1,567.14
博达书店	《MySQL数据库程序设计》	¥ 39.20	21	上海市浦东新区世纪大道100号上海环球金融中心56楼	东区	823.20
鼎盛书店	《MS Office高级应用》	¥ 36.30	32	湖南省岳阳市环城区红城路22号	南区	1,161.80
鼎盛书店	《网络技术》	¥ 34.90	22	云南省昆明市官渡区拓东路6号	西区	767.80
鼎盛书店	《数据库原理》	¥ 43.20	49	北京市河子市石河子信息办公室	北区	1,968.62
博达书店	《VB语言程序设计》	¥ 39.80	20	重庆市中区中山三路155号	西区	796.00
博达书店	《数据库技术》	¥ 40.50	12	广东省广州市龙岗区坂田	南区	486.00
鼎盛书店	《软件测试技术》	¥ 44.50	32	江西省南昌市西湖区洪城路289号	东区	1,424.00
博达书店	《计算机组成与接口》	¥ 37.80	43	北京市南区区东坑旺西路8号	北区	1,511.62
隆华书店	《计算机基础及Photoshop应用》	¥ 42.50	22	北京市西城区西结纬胡同51号中国谷	西区	935.00
隆华书店	《C语言程序设计》	¥ 39.40	31	贵州省贵阳市云岩区中山西路51号	西区	1,221.40
隆华书店	《信息安全技术》	¥ 36.80	19	贵州省贵阳市中山西路51号	西区	699.20
鼎盛书店	《数据库原理》	¥ 43.20	40	辽宁省大连市中山区长江路123号大连日航酒店4层清苑厅	北区	1,727.57
隆华书店	《VB语言程序设计》	¥ 39.80	39	四川省成都市锦市名人酒店	西区	1,552.20
鼎盛书店	《Java语言程序设计》	¥ 40.60	43	山西省大同市南城墙永泰门	北区	1,218.00
鼎盛书店	《Access数据库程序设计》	¥ 38.60	43	浙江省杭州市西湖区北山路78号香格里拉饭店东楼1栋595房	东区	1,543.61
鼎盛书店	《软件工程》	¥ 39.80	40	浙江省杭州市西湖区紫金港路21号	西区	1,461.96
鼎盛书店	《计算机基础及MS Office应用》	¥ 41.30	44	北京市西城区阜成门外大街29号	北区	1,690.00
博达书店	《嵌入式系统开发技术》	¥ 43.90	33	福建省厦门市软件园二期观日路45号9楼	东区	1,448.70
鼎盛书店	《操作系统原理》	¥ 41.10	35	广东省广州市天河区黄埔大道666号	南区	1,438.50

图 4-20　订单明细表

图 4-21　南区

图 4-22　北区

	A	B	
1	求和项:销售额小计	所属区域	⊤
2	图书名称 ▼	东区	
3	《Access数据库程序设计》	8,560.32	
4	《C语言程序设计》	10,558.02	
5	《Java语言程序设计》	7,834.99	
6	《MS Office高级应用》	10,764.77	
7	《MySQL数据库程序设计》	12,693.74	
8	《VB语言程序设计》	12,772.22	
9	《操作系统原理》	12,221.50	
10	《计算机基础及MS Office应用》	11,055.60	
11	《计算机基础及Photoshop应用》	17,665.13	
12	《计算机组成与接口》	14,561.69	
13	《嵌入式系统开发技术》	11,575.55	
14	《软件测试技术》	18,333.56	
15	《软件工程》	12,423.52	
16	《数据库技术》	13,896.77	
17	《数据库原理》	14,748.48	
18	《网络技术》	4,414.85	
19	《信息安全技术》	9,409.39	
20	总计	203,490.08	
21			

图 4-23 东区

	A	B	C
1	求和项:销售额小计	所属区域 ⊤	
2	图书名称 ▼	西区	
3	《Access数据库程序设计》	6,443.11	
4	《C语言程序设计》	4,767.40	
5	《Java语言程序设计》	3,743.32	
6	《MS Office高级应用》	6,640.72	
7	《MySQL数据库程序设计》	2,744.00	
8	《VB语言程序设计》	3,621.80	
9	《操作系统原理》	534.30	
10	《计算机基础及MS Office应用》	6,595.61	
11	《计算机基础及Photoshop应用》	7,812.78	
12	《计算机组成与接口》	6,419.57	
13	《嵌入式系统开发技术》	3,336.40	
14	《软件测试技术》	9,080.23	
15	《软件工程》	4,479.41	
16	《数据库技术》	7,880.09	
17	《数据库原理》	8,315.14	
18	《网络技术》	4,364.59	
19	《信息安全技术》	1,545.60	
20	总计	88,324.07	
21			

图 4-24 西区

	A	B	C
1	Contoso 公司销售统计报告		
2	统计项目	销售额	
3	2018年所有图书订单的销售额	¥ 286,279.91	
4	《MS Office高级应用》图书在2017年的总销售额	¥ 17,536.53	
5	隆华书店在2018年第3季度（7月1日~9月30日）的总销售额	¥ 27,387.06	
6	隆华书店在2017年的每月平均销售额（保留2位小数）	¥ 9,689.90	
7	2018年隆华书店销售额占公司全年销售总额的百分比（保留2位小数）	27.52%	
8			
9			
10			
11			

图 4-25 统计报告

6.3　任务实现

1. 打开素材文件并重命名

启动 Microsoft Excel 2010 软件，打开"Excel 素材 .xlsx"文件，将其另存为"Excel. xlsx"。

2. 删除重复项

在"订单明细"工作表中按组合键 Ctrl+A 选择所有表格，切换至"数据"选项卡，单击"数据工具"选项组中的"删除重复项"按钮，在弹出对话框中单击全选（如图 4-25 所示），单击"确定"按钮。

3. 利用公式计算图书单价

在"订单明细"工作表 E3 单元格输入"= VLOOKUP（[@图书名称]，表2，2，0）"，按 Enter 键计算结果，并向下拖动填充柄以自动填充单元格。

4. 利用公式计算销售情况

在"订单明细"工作表 I3 单元格输入"= IF（[@销量(本)]>= 40，[@单价]＊[@销量(本)]＊0.93，[@单价]＊[@销量(本)]）"，按 Enter 键计算结果，并向下拖动填充柄以自动填充单元格。

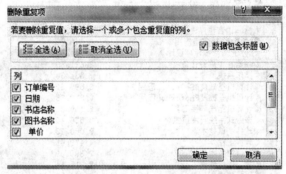

图 4-26　删除重复项

5. 利用公式将订单与发货区域对应

在"订单明细"工作表的 H3 单元格中，输入"= VLOOKUP（MID（[@发货地址]，1，3)，表3，2，0）"。按 Enter 键计算结果，并向下拖动填充柄以自动填充单元格。

6. 插入新工作表并调整格式

（1）单击"插入工作表"按钮，分别创建 4 个新的工作表。移动工作表到"统计样例"工作表前，分别重命名为"北区"、"南区"、"西区"和"东区"。

（2）在"北区"工作表中，单击"插入"选项卡下"表格"选项组中的"数据透视表"下拉按钮，在弹出的"创建数据透视表"对话框中（如图 4-27 所示）勾选"选择一个表或区域"单选按钮，在"表/区域"中输入"表1"，位置为"现有工作表"，单击"确定"按钮。

（3）将"图书名称"拖曳至"行标签"，将"所属区域"拖曳至"列标签"，将"销售额小计"拖曳至"数值"。展开列标签，取消勾选"北区"外其他 3 个区，单击"确定"按钮。

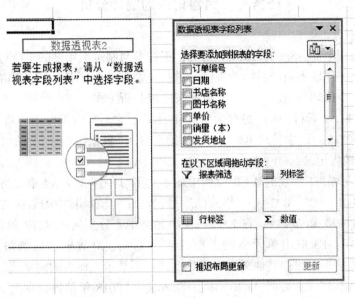

图 4-27　创建数据透视表

(4)打开"数据透视表工具"，单击"设计"选项卡下"布局"选项组中的"总计"按钮，在弹出的下拉列表中单击"仅对列启用"；单击"报表布局"按钮，在弹出的下拉列表中选择"以大纲形式显示"。

(5)选中数据区域 B 列，单击"开始"选项卡下"数字"选项组中的"设置单元格格式"按钮，弹出的"设置单元格格式"对话框，选择"分类"选项组中的"数值"，勾选"使用千分位分隔符"，将"小数位数"设为"2"，单击"确定"按钮。

(6)按以上方法分别完成"南区"、"西区"和"东区"工作表的设置。

7. 利用公式完成统计数据

(1)在"统计报告"工作表 B3 单元格输入" = SUMIFS(表1[销售额小计],表1[日期],">= 2018-1-1",表1[日期],"<= 2018-12-31")"。然后选择"B4:B7"单元格,按 Delete 键删除。

(2)在"统计报告"工作表 B4 单元格输入" = SUMIFS(表1[销售额小计],表1[图书名称],订单明细! D7,表1[日期],">= 2017-1-1",表1[日期],"<= 2017-12-31")"。

(3)在"统计报告"工作表 B5 单元格输入" = SUMIFS(表1[销售额小计],表1[书店名称],订单明细! C14,表1[日期],">= 2018-7-1",表1[日期],"<= 2018-9-30")"。

(4)在"统计报告"工作表 B6 单元格输入" = SUMIFS(表1[销售额小计],表1[书店名称],订单明细! C14,表1[日期],">= 2017-1-1",表1[日期],"<= 2017-12-31")/12"。

(5)在"统计报告"工作表 B7 单元格输入" = SUMIFS(表1[销售额小计],表1[书店名称],订单明细! C14,表1[日期],">= 2018-1-1",表1[日期],"<= 2018-12-31")/SUMIFS(表1[销售额小计],表1[日期],">= 2018-1-1",表1[日期],"<= 2018-12-31")",最后设置数字格式为百分比,保留两位小数。

任务七 销售记录的统计分析

7.1 情境创设

小张是某家用电器企业的战略规划人员，正在参与制定本年度的生产与营销计划。为此，他需要对上一年度不同产品的销售情况进行汇总和分析，从中提炼出有价值的信息。根据下列要求，小张须运用已有的原始数据来完成分析工作。

1. 将文档"Excel 素材．xlsx"另存为"Excel．xlsx"，之后所有的操作均基于此文档。

2. 在工作表"sheet1"中，从 B3 单元格开始，导入"数据源．txt"中的数据，并将工作表名称修改为"销售记录"。

3. 在"销售记录"工作表的 A3 单元格中输入文字"序号"，从 A4 单元格开始，为每笔销售记录插入"001、002、003……"格式的序号；将 B 列(日期)中的数据的数字格式修改为只包含月和日的格式(3/14)；在 E3 和 F3 单元格中，分别输入文字"价格"和"金额"；对标题行区域 A3：F3 应用单元格的上框线和下框线，对数据区域的最后一行 A891：F891 应用单元格的下框线；其他单元格无边框线；不显示工作表的网格线。

4. 在"销售记录"工作表的 A1 单元格中输入文字"2018 年销售数据"，并使其显示在 A1：F1 单元格区域的正中间(注意：不要合并上述单元格区域)；将"标题"单元格样式的字体修改为"微软雅黑"，并应用于 A1 单元格中的文字内容；隐藏第 2 行。

5. 在"销售记录"工作表的 E4：E891 区域，应用函数输入 C 列(类型)所对应的产品价格，价格信息可以在"价格表"工作表中进行查询。将填入的产品价格设为货币格式，并保留零位小数。

6. 在"销售记录"工作表中的 F4：F891 区域，计算每笔订单记录的金额，并应用货币格式，保留零位小数，计算规则为：金额＝价格×数量(1−折扣百分比)，折扣百分比由订单中的订货数量和产品类型决定，可以在"折扣表"工作表中进行查询，例如某个订单中 A 的订货量为 1510，则折扣比为 2%(提示：为了便于计算，可对"折扣表"工作表中表格的结构进行调整)。

7. 将"销售记录"工作表的单元格区域 A3：F891 中所有记录居中对齐，并将发生在周六或周日的销售记录的单元格填充为黄色。

8. 在名为"销售量汇总"的新工作表中自 A3 单元格开始创建数据透视表，按照月份和季度对"销售记录"工作表中的三种产品的销售数量进行汇总；在透视表右侧创建数据透视图，图表类型为"带数据标记的折线图"，并对"产品 B"系列添加线性趋势线，显示"公式"和"R2 值"(数据透视表和数据透视图的样式可参考所给的"透视表和透视图．jpg"示例文件)；将"销售量汇总"工作表移动到"销售记录"工作表右侧。

9. 在"销售量汇总"工作表右侧创建一个新的工作表并命名为"大额订单"，在这个工作表中使用高级筛选功能，筛选出"销售记录"工作表中产品 A 数量在 1550 以上、产品 B 数量在 1900 以上以及产品 C 数量在 1500 以上的记录(将条件区域设置在 1—4 行，筛选结果放置在从 A6 单元格开始的区域)。

7.2 任务分析

小张在 Excel 中导入原始数据后，开始按照要求对原始数据进行分析统计。在此过程中，小张遇到了几个难点：①折扣不能通过常规的 VLOOKUP 函数在折扣表中查询出来；②通过一般的条件格式没法找出周六、周日的销售记录；③做数据透视表时按照月份和季度进行汇总；④对数据透视表做透视图；⑤从销售记录中筛选出大额订单。

为此，小张请教了有经验的同事并在网上查询了相关资料，找到了难点的解决方法：①将折扣表转置后，通过 VLOOKUP 函数配合 IF 函数查询出折扣；②通过 OR、WEEKDAY 函数找出符合条件的记录并设置格式；③对数据透视表设置步长来改变初始的按日分组，达到按照月份和季度来分组汇总；④耐心地设置透视图；⑤把筛选条件做成一个区域，然后对销售记录做高级筛选即可筛选出大额订单记录。

费了一番工夫后，小张顺利完成了该任务，效果如图 4-28、图 4-29、图 4-30 所示。

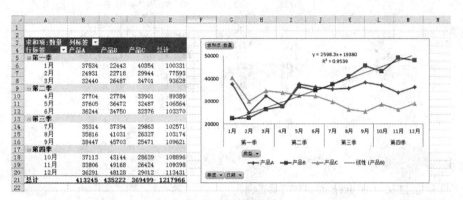

图 4-28 销售汇总

	A	B	C	D	E	F
1			2018年销售数据			
3	序号	日期	类型	数量	价格	金额
4	001	1/1	产品A	1481	¥3,200	¥4,691,808
5	002	1/1	产品B	882	¥2,800	¥2,469,600
6	003	1/1	产品C	1575	¥2,100	¥3,175,200
7	004	1/2	产品B	900	¥2,800	¥2,520,000
8	005	1/2	产品C	1532	¥2,100	¥3,088,512
9	006	1/3	产品A	1561	¥3,200	¥4,895,296
10	007	1/3	产品C	1551	¥2,100	¥3,126,816
11	008	1/4	产品A	1282	¥3,200	¥4,061,376
12	009	1/4	产品B	812	¥2,800	¥2,273,600
13	010	1/4	产品C	1518	¥2,100	¥3,060,288
14	011	1/5	产品B	880	¥2,800	¥2,464,000
15	012	1/6	产品A	1516	¥3,200	¥4,754,176
16	013	1/6	产品C	1564	¥2,100	¥3,153,024
17	014	1/7	产品A	1530	¥3,200	¥4,798,080
18	015	1/7	产品B	840	¥2,800	¥2,352,000
19	016	1/7	产品C	1515	¥2,100	¥3,054,240
20	017	1/8	产品A	1248	¥3,200	¥3,953,664
21	018	1/8	产品B	993	¥2,800	¥2,780,400
22	019	1/8	产品C	1530	¥2,100	¥3,084,480
23	020	1/9	产品A	1538	¥3,200	¥4,823,168
24	021	1/9	产品C	1589	¥2,100	¥3,203,424
25	022	1/10	产品A	1498	¥3,200	¥4,745,664
26	023	1/10	产品B	817	¥2,800	¥2,287,600
27	024	1/10	产品C	1595	¥2,100	¥3,215,520
28	025	1/11	产品A	1579	¥3,200	¥4,951,744
29	026	1/11	产品B	822	¥2,800	¥2,301,600
30	027	1/11	产品C	1531	¥2,100	¥3,086,496

销售记录 / 销售汇总 / 大额订单 / 价格表 / 折扣表

图 4-29 销售记录（部分）

	A	B	C	D	E	F
1	类型	数量				
2	产品A	>1550				
3	产品B	>1900				
4	产品C	>1500				
5						
6	序号	日期	类型	数量	价格	金额
7	003	1/1	产品C	1575	¥2,100	¥3,175,200
8	005	1/2	产品C	1532	¥2,100	¥3,088,512
9	006	1/3	产品A	1561	¥3,200	¥4,895,296
10	007	1/3	产品C	1551	¥2,100	¥3,126,816
11	010	1/4	产品C	1518	¥2,100	¥3,060,288
12	013	1/6	产品C	1564	¥2,100	¥3,153,024
13	016	1/7	产品C	1515	¥2,100	¥3,054,240
14	019	1/8	产品C	1530	¥2,100	¥3,084,480
15	021	1/9	产品C	1589	¥2,100	¥3,203,424
16	024	1/10	产品C	1595	¥2,100	¥3,215,520
17	025	1/11	产品A	1579	¥3,200	¥4,951,744
18	027	1/11	产品C	1531	¥2,100	¥3,086,496
19	029	1/12	产品C	1513	¥2,100	¥3,050,208
20	030	1/13	产品A	1565	¥3,200	¥4,907,840
21	032	1/13	产品C	1501	¥2,100	¥3,026,016
22	035	1/14	产品C	1539	¥2,100	¥3,102,624
23	041	1/17	产品C	1537	¥2,100	¥3,098,592
24	044	1/18	产品C	1588	¥2,100	¥3,201,408
25	045	1/19	产品A	1566	¥3,200	¥4,910,976
26	047	1/19	产品C	1584	¥2,100	¥3,193,344
27	048	1/20	产品A	1576	¥3,200	¥4,942,336
28	052	1/21	产品C	1545	¥2,100	¥3,114,720
29	055	1/22	产品C	1579	¥2,100	¥3,183,264

图 4-30　大额订单(部分)

7.3　任务实现

1. 打开素材文件并重命名

(1)打开"Excel 素材.xlsx"文件。

(2)单击"文件"选项卡下的"另存为"按钮,在弹出的"另存为"对话框中将"文件名"设为"Excel"并保存。

2. 进行文本导入并设置数据类型

(1)选中"Sheet1"工作表中的 B3 单元格,单击"数据"选项卡下"获取外部数据"选项组中的"自文本"按钮,在弹出的"导入文本文件"对话框中选择所给的"数据源.txt"文件,单击"导入"按钮。

(2)在弹出的"文本导入向导—第 1 步,共 3 步"对话框中,采用默认设置,单击"下一步"按钮,在弹出的"文本导入向导—第 2 步,共 3 步"对话框中,采用默认设置,继续单击"下一步"按钮。

(3)进入"文本导入向导—第 3 步,共 3 步"对话框,在"数据预览"选项卡中选中"日期"列,在"列数据格式"选项组中设置"日期"列格式为"YMD",按照同样的方法设置"类型"列数据格式为"文本",设置"数量"列数据格式为"常规",单击"完成"按钮,在弹出的"导入数据"对话框中采用默认设置,最后单击"确定"按钮。

(4)鼠标双击"Sheet1",输入工作表名称"销售记录"。

3. 设置单元格格式与框线

(1)选中"销售记录"工作表的 A3 单元格,输入文本"序号"。

(2)选中 A4 单元格,在单元格中输入"001",拖动 A4 单元格右下角的填充柄填充到

A888 单元格。

（3）选择 B3：B888 单元格区域，单击鼠标右键，在弹出的"设置单元格格式"对话框中选择"数字"选项卡，在"分类"列表框中选择"日期"，在右侧的"类型"列表框中选择"3/14"，最后单击"确定"按钮。

（4）选中 E3 单元格，输入文本"价格"；选中 F3 单元格，输入文本"金额"。

（5）选中标题 A3：F3 单元格区域，单击"开始"选项卡下"字体"选项组中的"框线"按钮，在下拉列表框中选择"上下框线"。

（6）选中数据区域的最后一行 A888：F888，单击"开始"选项卡下"字体"选项组中的"框线"按钮，在下拉列表框中选择"下框线"。

（7）单击"视图"→"显示"，取消勾选"网格线"复选框。

4. 设置单元格格式与字体

（1）选中"销售记录"工作表的 A1 单元格，输入文本"2018 年销售数据"。

（2）选中"销售记录"工作表的 A1：F1 单元格区域，单击鼠标右键，在弹出的快捷菜单中选择"设置单元格格式"命令，弹出的"设置单元格格式"对话框，单击"对齐"选项卡下"水平对齐"列表框中"跨列居中"选项，最后单击"确定"按钮。

（3）选中"销售记录"工作表的 A1：F1 单元格区域，单击"开始"选项卡下"字体"选项组中的"字体"下拉列表框，选择"微软雅黑"。

（4）使用鼠标选中第 2 行，单击鼠标右键，在弹出的快捷菜单中选择"隐藏"命令。

5. 利用公式计算销售记录

（1）选中"销售记录"工作表的 E4 单元格，在单元格中输入公式"=VLOOKUP(C4, 价格表! \$B \$2：\$C \$5,2,0)"，输入完成后按 Enter 键确认。

（2）拖动 E4 单元格的填充柄，填充到 E888 单元格。

（3）选中 E4：E888 单元格区域，单击鼠标右键，在弹出的快捷菜单中选择"设置单元格格式"命令，弹出"设置单元格格式"对话框，单击"数字"选项卡下"分类"列表框中的"货币"，将右侧的小数位数设置为"0"，单击"确定"按钮。

6. 设置区域格式

（1）选择"折扣表"工作表中的 B2：E6 数据区域，按组合键 Ctrl+C 复制该区域。

（2）选中 B8 单元格，单击鼠标右键，在弹出的快捷菜单中选择"选择性粘贴"（如图 4-31 所示），在右侧出现的级联菜单中选择"转置"命令，将原表格行列进行转置。

（3）选中"销售记录"工作表的 F4 单元格，在单元格中输入公式"=D4 * E4 * (1-VLOOKUP(C4,折扣表! \$B \$9：\$F \$11,IF(D4<1000,2,IF(D4<1500,3,IF(D4<2000,4,5)))))"，输入完成后按 Enter 键确认输入。

（4）拖动 F4 单元格的填充柄，填充到 F888 单元格。

（5）选中"销售记录"工作表的 F4：F888 单元格区域，单击鼠标右键，在弹出的快捷菜单中选择"设置单元格格式"命令，在弹出"设置单元格格式"对话框中选择"数字"选项卡，在"分类"列表框中选择"货币"，并将右侧的小数位数设置为"0"，单击"确定"按钮。

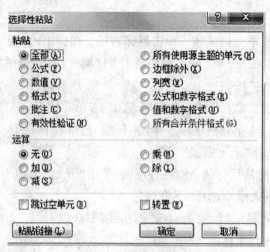

图 4-31　选择性粘贴

7. 新建格式规则

（1）选择"销售记录"工作表中的 A3：F888 数据区域。

（2）单击"开始"选项卡下"对齐方式"选项组中的"居中"按钮。

（3）选中表格 A4：F888 数据区域，单击"开始"选项卡下"样式"选项组中的"条件格式"按钮，在下拉列表中选择"新建规则"，弹出"新建格式规则"对话框（如图 4-32 所示），在"选择规则类型"列表框中选择"使用公式确定要设置格式的单元格"，在下方的"为符合此公式的值设置格式"文本框中输入公式"=OR(WEEKDAY($B4,2)= 6,WEEKDAY($B4,2)= 7)"。

（4）单击"格式"按钮，在弹出的"设置单元格格式"对话框中切换到"填充"选项卡，选择填充颜色为"黄色"，单击"确定"按钮。

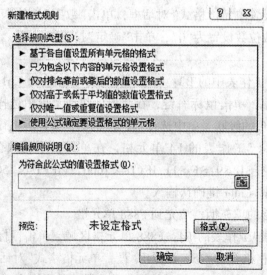

图 4-32　新建格式规则

8. 创建数据透视表

（1）单击"折扣表"工作表后面的"插入工作表"按钮，添加一张新的"sheet1"工作表，双击工作表名称，输入文字"销售量汇总"。

（2）在"销售量汇总表"中选中 A3 单元格，单击"插入"选项卡下"表格"选项组中的"数据透视表"按钮，在下拉列表中选择"数据透视表"，弹出"创建数据透视表"对话框，在"表/区域"文本框中选择数据区域"销售记录！＄A ＄3：＄F ＄888"，其余采用默认设置，单击"确定"按钮。

（3）在工作表右侧出现"数据透视表字段列表"对话框，将"日期"列拖动到"行标签"区域中，将"类型"列拖动到"列标签"区域中，将"数量"列拖动到"数值"区域中。

（4）选中"日期"列中的任一单元格，单击鼠标右键，在弹出的快捷菜单中选择"创建组"命令，弹出"分组"对话框，在"步长"选项组中选择"月"和"季度"，单击"确定"按钮。

（5）选中"数据透视表"的任一单元格，单击"插入"选项卡下"图表"选项组中的"折线图"，在下拉列表中选择"带数据标记的折线图"。

（6）选择"设计"选项卡下"图表布局"选项组中的"布局 4"样式。

（7）选中图表绘图区中"产品 B"的销售量曲线，单击"布局"选项卡下"分析"选项组中的"趋势线"按钮，从下拉列表中选择"其他趋势线选项"。弹出"设置趋势线格式"对话框，在右侧的显示框中勾选"显示公式"和"显示 R 平方值"复选框，单击"关闭"按钮。

（8）选择折线图右侧的"坐标轴"，单击鼠标右键，弹出"设置坐标轴格式"对话框，在"坐标轴选项"选项组中设置"坐标轴选项"下方的"最小值"为"固定""20000"，"最大值"为"固定""50000"，"主要刻度单位"为"固定"、"10000"，最后单击"关闭"按钮。

（9）参照"透视表和透视图．jpg"示例文件，适当调整公式的位置以及图表的大小，移动图表到数据透视表的右侧位置。

（10）选中"销售量汇总"工作表，按住鼠标左键不放，拖动到"销售记录"工作表右侧位置。

9. 进行高级筛选

（1）单击"销售量汇总"工作表后的"插入工作表"按钮，新建"大额订单"工作表。

（2）在"大额订单"工作表的 A1 单元格输入"类型"，在 B1 单元格中输入"数量"条件，在 A2 单元格中输入"产品 A"，B2 单元格中输入"＞1550"，A3 单元格中输入"产品 B"，B3 单元格中输入"＞1900"，A4 单元格中输入"产品 C"，B4 单元格中输入"＞1500"。

（3）单击"数据"选项卡下"排序和筛选"选项组中的"高级"按钮，弹出"高级筛选"对话框（如图 4-33 所示），选中"将筛选结果复制到其他位置"，单击"列表区域"后的"折叠对话框"按钮，选择列表区域"销售记录！＄A ＄3：＄F ＄888"，单击"条件区域"后的"折叠对话框"按钮，选择"条件区域""＄A ＄1：＄B ＄4"，单击"复制到"后的"折叠对话框"按钮，选择单元格 A6，按 Enter 键展开"高级筛选"对话框，最后单击"确定"按钮。

图 4-33 高级筛选

任务八 物理统考情况分析

8.1 情境创设

滨海市对重点中学组织了一次物理统考，并生成了所有考生和每一个题目的得分。市教委要求小张老师根据已有数据，统计分析各学校及班级的考试情况。小张应根据所给的"素材.xlsx"中的数据来完成此项工作，具体要求如下：

1. 将"素材.xlsx"另存为"滨海市2015春高二物理统考情况分析.xlsx"，后续操作均基于此文件。

2. 利用"成绩单"、"小分统计"和"分值表"工作表中的数据，完成"按班级汇总"和"按学校汇总"工作表中相应空白列的数值计算。具体提示如下：

(1)"考试学生数"列必须用公式计算，"平均分"列由"成绩单"工作表数据计算得出；

(2)"分值表"工作表中给出了本次考试各题的类型及分值(备注：本次考试一共50道小题，其中"1"至"40"为客观题，"41"至"50"为主观题)；

(3)"小分统计"工作表中包含了各班级每一道小题的平均得分，由此可以计算出各班级的"客观题平均分"和"主观题平均分"(备注：由于系统生成每题平均得分时已经进行了四舍五入的操作，因此通过其计算"客观题平均分"和"主观题平均分"之和时，可能与根据"成绩单"工作表的计算结果存在一定误差)；

(4)利用公式计算"按学校汇总"工作表中的"客观题平均分"和"主观题平均分"，计算方法为：每个学校的所有班级相应平均分乘以对应班级人数，相加后再除以该校的总考生数；

(5)计算"按学校汇总"工作表中的每题得分率，即每个学校所有学生在该题上的得分之和除以该校总考生数，再除以该题的分值。

(6)所有工作表中"考试学生数"、"最高分"、"最低分"显示为整数；各类平均分显示为数值格式，并保留两位小数；各题得分率显示为百分比数据格式，并保留两位小数。

3. 新建"按学校汇总2"工作表，将"按学校汇总"工作表中所有单元格数值转置并复制到新工作表中。

4. 将"按学校汇总2"工作表中的内容套用表格样式为"表样式中等深浅12"；将得分

率低于 80% 的单元格标记为"浅红填充色深红色文本"格式，将介于 80% 和 90% 之间的单元格标记为"黄填充色深黄色文本"格式。

8.2 任务分析

小张接到任务后马上就行动起来，在统计分析成绩过程中，他发现多条件求最高分、最低分时用 MAX 相关函数实现不了。有经验的同事提醒他用数组函数来解决这个问题，同时还特别提醒他注意单元格引用方式的使用。经过一番研究，小张决定用 COUNTIFS、AVERAGEIFS 以及数组函数 MAX、MIN、SUM 来完成成绩的统计分析工作。经过一番努力，小张顺利完成了成绩统计分析工作，效果如图 4-34、图 4-35、图 4-36 所示。

学校	班级	考试学生数	最高分	最低分	平均分	客观题平均分	主观题平均分
滨海市第一中学	1	24	93	77	87.38	47.35	40.05
滨海市第一中学	2	28	95	72	85.68	46.75	38.89
滨海市第一中学	3	29	89	56	72.38	40.42	32.01
滨海市第一中学	4	29	94	38	62.62	36.40	26.28
滨海市第一中学	5	28	85	47	67.43	39.33	28.07
滨海市第一中学	6	26	83	37	60.81	36.21	24.63
滨海市第一中学	7	24	83	29	62.21	38.22	24.05
滨海市第一中学	8	22	81	37	54.59	34.86	19.72
滨海市第二中学	1	31	92	64	78.94	44.36	34.60
滨海市第二中学	2	28	86	60	78.57	43.96	34.64
滨海市第二中学	3	31	82	22	54.10	33.38	20.75
滨海市第二中学	4	27	86	46	68.63	39.95	28.66
滨海市第二中学	5	25	80	41	65.96	40.72	25.24
滨海市第二中学	6	25	85	21	64.84	38.80	26.04
滨海市第二中学	7	29	85	19	59.79	36.04	23.80
滨海市第二中学	8	25	80	14	59.20	37.04	22.16
滨海市第二中学	9	23	71	31	50.87	32.57	18.29
滨海市第三中学	1	36	89	63	78.36	42.87	35.46
滨海市第三中学	2	36	93	64	84.94	46.41	38.50
滨海市第三中学	3	37	83	54	70.84	39.78	31.04
滨海市第三中学	4	38	92	43	68.71	39.10	29.64
滨海市第三中学	5	37	88	46	73.49	40.97	32.50
滨海市第三中学	6	25	87	39	62.72	37.56	25.16
滨海市第三中学	7	18	83	36	53.17	32.28	20.89
滨海市第四中学	1	32	66	28	45.47	30.05	15.43
滨海市第四中学	2	31	76	25	44.81	31.55	13.26
滨海市第四中学	3	40	87	38	69.90	41.50	28.49
滨海市第四中学	4	33	91	37	57.39	36.34	21.10
滨海市第四中学	5	32	87	34	62.84	38.09	24.79
滨海市第四中学	6	34	84	37	62.09	37.25	24.84

成绩单 小分统计 分值表 按班级汇总 按学校汇总 按学校汇总2

图 4-34　按班级汇总(部分)

学校	考试学生数	最高分	最低分	平均分	客观题平均分	主观题平均分	【1】得分率	【2】得分率	【3】得分率	【4】得分率	【5】得分率	【6】得分率
滨海市第一中学	210	95	29	69.40	40.00	29.42	100.00%	100.00%	95.31%	90.45%	71.04%	61.02%
滨海市第二中学	244	92	14	64.88	38.64	26.26	98.02%	98.77%	97.49%	80.77%	62.28%	58.98%
滨海市第三中学	227	93	36	72.05	40.56	31.48	98.59%	99.52%	96.04%	82.74%	54.12%	64.66%
滨海市第四中学	268	91	14	58.40	36.31	22.13	99.33%	99.26%	93.59%	81.72%	63.16%	42.39%

图 4-35　按学校汇总(部分)

8.3 任务实现

1. 打开素材文件并重命名

(1)打开"素材 .xlsx"文件。

(2)单击"文件"选项卡下的"另存为"按钮，弹出"另存为"对话框，在该对话框中将"文件名"设为"滨海市 2015 年春高二物理统考情况分析"并保存。

	A	B	C	D	E
1	学校	滨海市第一中学	滨海市第二中学	滨海市第三中学	滨海市第四中学
2	考试学生数	210	244	227	268
3	最高分	95	92	93	91
4	最低分	29	14	36	14
5	平均分	69.40	64.88	72.05	58.40
6	客观题平均分	40.00	38.64	40.56	36.31
7	主观题平均分	29.42	26.26	31.48	22.13
8	【1】得分率	100.00%	98.02%	98.59%	99.33%
9	【2】得分率	100.00%	98.77%	99.52%	99.26%
10	【3】得分率	95.31%	97.49%	96.04%	93.59%
11	【4】得分率	90.45%	80.77%	82.74%	81.72%
12	【5】得分率	71.04%	62.28%	54.12%	63.16%
13	【6】得分率	61.02%	58.98%	64.66%	42.39%
14	【7】得分率	92.99%	92.24%	96.49%	91.85%
15	【8】得分率	95.74%	79.94%	86.83%	75.86%
16	【9】得分率	84.90%	78.05%	81.43%	65.49%
17	【10】得分率	82.93%	69.36%	67.48%	65.30%
18	【11】得分率	72.00%	69.74%	87.93%	68.58%
19	【12】得分率	91.94%	85.72%	93.80%	87.33%
20	【13】得分率	71.42%	69.58%	81.00%	67.63%
21	【14】得分率	64.76%	71.85%	78.76%	66.49%
22	【15】得分率	65.18%	73.44%	80.08%	70.41%
23	【16】得分率	95.58%	91.86%	95.09%	88.06%
24	【17】得分率	99.06%	98.81%	97.26%	96.10%
25	【18】得分率	40.98%	36.93%	39.28%	45.96%
26	【19】得分率	75.77%	81.59%	86.63%	62.75%
27	【20】得分率	94.44%	91.79%	94.55%	90.30%
28	【21】得分率	83.30%	80.75%	81.38%	62.82%
29	【22】得分率	20.15%	29.98%	35.36%	27.51%
30	【23】得分率	52.44%	53.76%	55.04%	51.20%
31	【24】得分率	79.60%	77.36%	80.69%	66.85%

成绩单 / 小分统计 / 分值表 / 按班级汇总 / 按学校汇总 / 按学校汇总2

图 4-36 按学校汇总 2(部分)

2. 利用公式计算各项数据

(1)切换至“按班级汇总”工作表中，选择 C2 单元格，在该单元格中输入“=COUNTIFS(成绩单！$A $2:$A $950,按班级汇总！$A2,成绩单！$B $2:$B $950,按班级汇总！$B2)”公式，按 Enter 键完成输入，双击右下角的填充柄以填充数据。

(提示：多条件计数函数 COUNTIFS(Criteria_range1，Criteria1，[Criteria_range2，Criteria2]…)

主要功能：统计指定单元格区域中符合多组条件的单元格的个数。

参数说明：Criteria_range1——必需的参数。第 1 组条件中指定的区域。

Criteria1——必需的参数。第 1 组条件中指定的条件，条件的形式可以为数字、表达式、单元格地址或文本。

Criteria_Range2，Criteria2——可选参数。第 2 组条件，还可以有其他多组条件。

在本任务中，此公式表示统计同时满足以下条件的单元格的个数：成绩单工作表 A2：A950 区域中等于按班级汇总工作表 A2 单元格内容(即滨海市第一中学)的单元格个数，以及成绩单工作表 B2：B950 区域中等于按班级汇总工作表 B2 单元格内容(即 1 班)的单元格个数。)

（2）在工作表中选择 D2 单元格，在该单元格中输入公式"＝MAX（（成绩单！＄A＄2：＄A＄950＝按班级汇总！＄A2）＊（成绩单！＄B＄2：＄B＄950＝按班级汇总！＄B2）＊成绩单！＄D＄2：＄D＄950）"，按组合键 Ctrl+Shift+Enter 完成输入。

（提示：最大值函数 MAX（number1，［number2］，…）

主要功能：返回一组值或指定区域中的最大值

参数说明：参数至少有一个且必须是数值，最多可以有 255 个。

在本任务中成绩单！＄A＄2：＄A＄950＝按班级汇总！＄A2 返回值为逻辑值（True 或 False），成绩单！＄B＄2：＄B＄950＝按班级汇总！＄B2 返回值也为逻辑值（True 或 False），将两个表达式进行乘运算时，逻辑值 True 转换为 1，逻辑值 False 转换为 0 时则参加运算。也即，同时满足两个条件时，MAX 中的求值区域才为非 0 数，最终形成的表达式只有是 MAX（1＊1＊成绩单！＄D＄2：＄D＄950）时才会统计这个区域的最大值。

当编辑完第一个公式后，此时注意，必须同时按下组合键 Ctrl+Shift+Enter，才能显示出统计结果，之后就可以使用填充柄进行公式填充。）

（3）选择 E2 单元格，在该单元格中输入公式"＝MIN（IF（（成绩单！＄A＄2：＄A＄950＝按班级汇总！＄A2）＊（成绩单！＄B＄2：＄B＄950＝按班级汇总！＄B2），成绩单！＄D＄2：＄D＄950））"，按 Ctrl+Shift+Enter 组合键完成输入。

（提示：最小值函数 MIN（number1，［number2］，…）

主要功能：返回一组值或指定区域中的最小值

参数说明：参数至少有一个且必须是数值，最多可以有 255 个

逻辑判断函数 IF（logical_test，［value_if_true］，［value_if_false］）

主要功能：如果指定条件的计算结果为 True，IF 函数将返回某个值；如果该条件的计算结果为 False，则返回另一个值。

参数说明：？　logical_test——必需的参数，作为判断条件的任意值或表达式；

？　value_if_true——可选的参数。Logical_test 参数的计算结果为 True 时所要返回的值；

？　value_if_false——可选的参数。Logical_test 参数的计算结果为 False 时所要返回的值。

在本任务中，成绩单！＄A＄2：＄A＄950＝按班级汇总！＄A2 返回值为逻辑值（True 或 False），成绩单！＄B＄2：＄B＄950＝按班级汇总！＄B2 返回值也为逻辑值（True 或 False），将两个表达式进行乘运算时，逻辑值 True 转换为 1，逻辑值 False 转换为 0 时则参加运算。也即，同时满足两个条件时，IF 函数中的条件表达式为 True，才能返回表达式"成绩单！＄D＄2：＄D＄950"，此时使用 MIN 函数统计指定区域中的最小值。）

（4）选择 F2 单元格，在该单元格中输入公式"＝AVERAGEIFS（成绩单！＄D＄2：＄D＄950，成绩单！＄A＄2：＄A＄950，按班级汇总！＄A2，成绩单！＄B＄2：＄B＄950，按班级汇总！＄B2）"，按 Enter 键完成输入。

（提示：多条件平均值函数 AVERAGEIFS（average_range，criteria_range1，criteria1，［criteria_range2，criteria2］，……）

主要功能：对指定区域中满足多个条件的所有单元格中的数值求算数平均值。

参数说明：? average_range——必需的参数。要计算平均值的实际单元格区域；

　　　　　? criteria_range1,criteria_range2——在其中计算关联条件的区域；

　　　　　? criteria1,criteria2——求平均值的条件；

　　　　　? 其中每个 criteria_range 的大小和形状必须与 average_range 相同。

在本任务中，公式表示对成绩单 D2：D950 区域中符合以下条件的单元格的数值求平均值：成绩单工作表 A2：A950 区域中等于按班级汇总工作表 A2 单元格内容（即滨海市第一中学）的单元格个数，并且成绩单工作表 B2：B950 区域中等于按班级汇总工作表 B2 单元格内容（即 1 班）的单元格个数。

（5）选择 G2 单元格，在该单元格中输入公式"=SUM(小分统计! $C2:$AP2)"，按 Enter 键完成输入，双击右下角的填充柄填充数据。

（6）选择 H2 单元格，在该单元格中输入公式"=SUM(小分统计! $AQ2:$AZ2)"，按 Enter 键完成输入，双击右下角的填充柄填充数据。

（7）选择 C、D、E 列，单击鼠标右键，在弹出的快捷菜单中选择"设置单元格格式"选项，在弹出的对话框中选择"分类"列表中选择"数值"选项，将"小数位数"设置为 0，设置完成后，单击"确定"按钮即可。按同样的方式，将 F、G、H 列的"小数位数"设置为 2。

（8）切换至"按学校汇总"工作表中，选择 B2 单元格，在该单元格中输入公式"=COUNTIFS(成绩单! $A$2:$A$950,按学校汇总! $A2)"，按 Enter 键完成输入，双击右下角的填充柄填充数据。

（提示：条件计数函数 COUNTIF(range, criteria)

主要功能：统计指定区域中满足单个指定条件的单元格的个数

参数说明：? range——必需的参数。计数的单元格区域；

　　　　　? criteria——必需的参数。计数的条件，条件的形式可以为数字、表达式、单元格地址或文本。

在本任务中，公式表示了统计成绩单工作表的 A2：A950 区域中等于 A2 单元格内容（即滨海市第一中学）的单元格个数。）

（9）选择 C2 单元格,在该单元格中输入"=MAX((成绩单! $A$2:$A$950=按学校汇总! $A2)*成绩单! $D$2:$D$950)"，按组合键 Ctrl+Shift+Enter 完成输入,双击右下角的填充柄以填充数据。在 D2 单元格中输入"=MIN(IF(成绩单! $A$2:$A$950=按学校汇总! $A2,成绩单! $D$2:$D$950))"，按组合键 Ctrl+Shift+Enter 键完成输入,双击右下角的填充柄以填充数据。在 E2 单元格中输入"=AVERAGEIFS(成绩单! $D$2:$D$950,成绩单! $A$2:$A$950,按学校汇总! $A2)"，按组合键 Ctrl+Shift+Enter 完成输入,双击右下角的填充柄以填充数据。

（10）在 F2 单元格中输入"=SUM((按班级汇总! $A$2:$A$33=按学校汇总! $A2)*(按班级汇总! $C$2:$C$33)*(按班级汇总! $G$2:$G$33))/$B2"，按组合键 Ctrl+Shift+Enter 完成输入,双击右下角的填充柄以填充数据。在 G2 单元格中输入"=SUM((按班级汇总! $A$2:$A$33=按学校汇总! $A2)*(按班级汇总! $C$2:$C$33)*

（按班级汇总！$H$2:$H$33））/$B2"，按组合键 Ctrl+Shift+Enter 完成输入，双击右下角的填充柄以填充数据。

（提示：在本任务中，按班级汇总！$A$2:$A$33＝按学校汇总！$A2 返回的值为逻辑值（True 和 False），参加运算时，True 转换为 1，False 转换为 0。即统计指定学校的学生，使用 SUM 函数将数组按班级汇总！$C$2:$C$33 与数组按班级汇总！$G$2:$G$33 对应位置的数据进行相乘运算，然后求出乘积的和，最后将得到的总成绩与学生人数相除，求得平均分。）

（11）在 H2 单元格中输入"=SUM（（小分统计！$A$2:$A$33＝$A2）＊小分统计！C$2:C$33＊按班级汇总！$C$2:$C$33）/$B2/分值表！B$3"，按组合键 Ctrl+Shift+Enter 完成输入，拖动填充柄，横向填充到 BE2 单元格，紧接着从 BE2 单元格，拖动填充句柄，纵向填充到 BE5 单元格。

（12）选择 B、C、D 列，单击鼠标右键，在弹出的快捷菜单中单击"设置单元格的"选项，在弹出的对话框中单击"分类"列表中的"数值"选项，将"小数位数"设置为 0，设置完成后，单击"确定"按钮。按同样的方式，将 E、F、G 列"小数位数"设置为 2。

（13）选择 H 列到 BE 列，单击鼠标右键，在弹出的快捷菜单中选择"设置单元格格式"选项，在弹出的对话框中单击"分类"列表中的"百分比"选项，将"小数位数"设置为 2，设置完成后，单击"确定"按钮即可。

3. 插入新工作表并粘贴数值

（1）在工作表标签的右侧单击"插入工作表"按钮，新建一个工作表。

（2）在新建的工作表标签上单击鼠标右键，在弹出的快捷菜单中选择"重命名"选项，将其命名为"按学校汇总 2"，

（3）选择"按学校汇总"工作表中单元格 A1:BE5，单击"开始"选项卡下"剪贴板"选项组中的"复制"按钮。切换到"按学校汇总 2"工作表，选择 A1 单元格，单击"粘贴"按钮下的"选择性粘贴"命令，弹出的"选择性粘贴"对话框，选择"粘贴"选项组中的"数值"选项并勾选下方的"转置"复选框，单击"确定"按钮。

4. 设置条件格式

（1）选择"按学校汇总 2"工作表的 A1:E57 单元格区域，在"开始"选项卡下"样式"选项组中单击"套用表格样式"按钮，在弹出的下拉列表中选择"表样式中等深浅 12"选项。

（2）选择 A8:E57 单元格区域，在"样式"选项组中单击"条件格式"按钮，在弹出的下拉列表中选择"突出显示单元格规则"→"小于"选项，在左侧文本框中输入"80%"，将"设置为"选择为"浅红填充色深红色文本"，单击"确定"按钮即可。

（3）继续选择 A8:E57 单元格区域，在"样式"选项组中单击"条件格式"按钮，在弹出的下拉列表中选择"突出显示单元格规则"→"介于"选项，在左侧文本框中分别输入"80%"、"90%"，将"设置为"选择为"黄填充色深黄色文本"，最后单击"确定"按钮以保存文件。

Part II 练 习 题

一、单项选择题

1. 在 Excel 2010 中，工作表最多允许有(　　)行。

   A. 1048576　　　　　B. 256　　　　　C. 245　　　　　D. 128

2. 要新建一个 Excel 2010 工作簿，下面的操作中错误的是(　　)。

   A. 单击"文件"菜单中的"新建"命令

   B. 单击"常用"工具栏中的"新建"按钮

   C. 按快捷键 Ctrl+N

   D. 按快捷键 Ctrl+W

3. 新建一个工作簿后，默认的第一张工作表的名称为(　　)。

   A. Excel 2010　　　B. Sheet1　　　C. Book1　　　D. 表 1

4. 大标题在表格中居中显示的方法是(　　)。

   A. 在标题行处于表格居中位置的单元格输入表格标题

   B. 在标题行任一单元格输入表格标题，然后单击"居中"工具按钮

   C. 在标题行任一单元格输入表格标题，然后单击"合并及居中"工具按钮

   D. 在标题行处于表格宽度范围内的单元格中输入标题，选定标题行处于表格宽度范围内的所有单元格，然后单击"合并及居中"工具按钮

5. 在 Excel 2010 中，要选取整张工作表的快捷键是(　　)。

   A. Ctrl+O　　　　　B. Ctrl+A　　　　C. Ctrl+W　　　D. Shift+A

6. 建一个工作表，要快速移到最后一行的方法是(　　)。

   A. 按 Ctrl+↓ 组合键　　　　　　B. 按 Ctrl+End 组合键

   C. 拖动滚动条　　　　　　　　　D. 按↓键

7. 在 Excel 2010 中，将工作表进行重命名工作时，工作表名称中不能含有字符(　　)。

   A. $　　　　　　　B. *　　　　　　C. &　　　　　　D. @

8. 在 Excel 2010 中，数据在单元格的对齐方式有两种，分别是(　　)。

   A. 上、下对齐　　　　　　　　　B. 水平、垂直对齐

   C. 左、右对齐　　　　　　　　　D. 前、后对齐

9. 在下列快捷键中，能退出 Excel 2010 的是(　　)。

   A. Ctrl+W　　　　　B. Shift+F4　　　C. Alt+F4　　　D. Ctrl+F4

10. 在 Excel 2010 中，出现"另存为"对话框时，说明(　　)。

    A. 文件不能保存　　　　　　　　B. 该文件已经保存过

    C. 文件作了修改　　　　　　　　D. 该文件未保存过

11. Excel 2010 中，当某一单元格中显示的内容为"#NAME?"时，它表示(　　)。

    A. 使用了 Excel 2010 不能识别的名称

    B. 公式中的名称有问题

    C. 在公式中引用了无效的单元格

D. 无意义

12. 在 Excel 2010 中，在单元格中输入数值时，当输入的长度超过单元格宽度时自动转换成( )方法表示。

    A. 四舍五入   B. 科学记数   C. 自动舍去   D. 以上都对

13. 当前单元格 A1 中输入数据 20，若要使 B1 到 E1 中均输入数据 20，则最简单的方法是( )。

    A. 选中单元格 A1 后，按"复制"按钮，然后从 B1 到 E1 逐个"粘贴"

    B. 从 B1 到 E1 逐个输入数据 20

    C. 选中 B1 到 E1 的所有单元格，然后逐个地输入数据 20

    D. 选中单元格 A1，将鼠标移到填充柄上拖动它向右直到 E1，然后松开鼠标

14. 在 Excel 2010 中，在输入公式之前必须先输入( )符号。

    A. ?   B. =   C. @   D. &

15. 在 Excel 2010 中，范围地址是以( )分隔的。

    A. 逗号   B. 冒号   C. 分号   D. 等号

16. 在 Excel 2010 中，下面( )选项中的两个数相等。

    A. =50% 和 5/100   B. =50% 和 50/100

    C. ="50%" 和 "50/100"   D. ="50%" 和 50/100

17. 在 Excel 2010 中，设在单元格 A1 中有公式：=B1+B2，若将其复制到单元格 Cl 中，则公式为( )。

    A. =D1+D2   B. =D1+A2   C. =A1+A2+Cl   D. =Al+Cl

18. 区分不同工作表的单元格，要在地址前面增加( )。

    A. 工作簿名称   B. 单元格名称   C. 工作表名称   D. Sheet

19. 在同一工作簿中要引用其他工作表某个单元格的数据(如 Sheet3 申 A2 单元格中的数据)，下面表达式中正确的是( )。

    A. +Sheet3！A2   B. =A2(Sheet3)   C. =Sheet3！A2   D. $ Sheet3> $ A

20. 设在 B5 单元格存有公式 SUM(B2：B4)，将其复制到 D5 后，公式变为( )。

    A. SUM(B2：B4)   B. SUM(B2：D5)   C. SUM(D5：B2)   D. SUM(D2：D4)

21. 在 Excel 2010 中，下列函数的写法中错误的是( )。

    A. SUM(A1：A3)   B. AVERAGE(20, B1, A1：C1)

    C. MAX(C4, C5)   D. SUM[A1：A3]

22. 在 Excel 2010 中，函数 COUNT(12, 13, "china") 的返回值是( )。

    A. 1   B. 2   C. 3   D. 无法判断

23. 在 Excel 2010 中，对工作表建立的柱形图表，若删除图表中某数据，则柱形图( )。

    A. 则数据表中相应的数据消失

    B. 则数据表中相应的数据不变

    C. 若事先选定与被删除柱形图相应的数据区域，则该区域数据消失，否则保持不变

    D. 若事先选定与被删除柱形图相应的数据区域，则该区域数据不变，否则将消失

24. 在 Excel 2010 中，默认保存后的工作簿格式扩展名是( )。

    A. *.xlsx   B. *.xls   C. *.htm   D. *.doc

25. 在 Excel 2010 中，可以通过( )功能区对所选单元格进行数据筛选，筛选出符合要求的数据。

    A. 数据   B. 开始   C. 插入   D. 数据

26. 以下不属于 Excel 2010 中数字分类的是( )。

    A. 常规   B. 货币   C. 文本   D. 条形码

27. 在 Excel 中，打印工作簿时下面的哪个表述是错误的？( )

    A. 一次可以打印整个工作簿

    B. 一次可以打印一个工作簿中的一个或多个工作表

    C. 在一个工作表中可以只打印某一页

    D. 不能只打印一个工作表中的一个区域位置

28. 在 Excel 2010 中，要录入身份证号，数字分类应选择( )格式。

    A. 常规   B. 数字(值)   C. 科学计数   D. 文本

29. 在 Excel 2010 中，要设置行高、列宽，应选用( )功能区中的"格式"命令。

    A. 开始   B. 插入   C. 页面布局   D. 视图

30. 在 Excel 2010 中，在( )功能区可进行工作簿视图方式的切换。

    A. 开始   B. 页面布局   C. 审阅   D. 视图

31. 在 Excel 2010 中套用表格格式后，会出现( )功能区选项卡。

    A. 图片工具   B. 表格工具   C. 绘图工具   D. 其他工具

32. 下列能启动 Excel 2010 的操作是( )。

    A. 单击桌面上的"我的电脑"图标，然后选择"程序"选项

    B. 单击"开始"→"所有程序"→"Microsoft office"→"Microsoft office Excel 2010"

    C. 选择"所有程序"菜单中的"Microsoft office"选项

    D. 单击"我的电脑"中的"Microsoft office"图标

33. Excel 2010 属于( )公司的产品。

    A. IBM   B. 苹果   C. 微软   D. 网景

34. Excel 2010 的工作簿默认的文件扩展名( )。

    A. txt   B. doc   C. pppt   D. xlsx

35. Excel 2010 的"关闭"命令在( )中。

    A. office 按钮   B. "开始"选项卡   C. "视图"选项卡   D. "数据"选项卡

36. Excel 2010 是一种( )工具。

    A. 画图   B. 上网   C. 放幻灯片   D. 电子表格处理

37. "工作表"是由行和列组成的表格，分别用( )区别。

    A. 数字和数字   B. 数字和字母   C. 字母和字母   D. 字母和数字

38. 系统默认每个工作簿有( )张工作表。

    A. 10   B. 5   C. 4   D. 3

39. Excel 2010 可同时打开( )个工作表。

A. 64　　　　　　　B. 125　　　　　　　C. 255　　　　　　　D. 任意多

40. 有关"新建工作簿"有下面几种说法，正确的是(　　)。

A. 新建的工作簿会覆盖原先的工作簿

B. 新建工作簿在原先的工作簿关闭后出现

C. 可以同时出现两个工作簿

D. 新建工作簿可以使用 Shift+N 组合键

41. 如果要选择两个不相邻的单元格区域，则在选择这两个区域的同时要按下(　　)。

A. Alt　　　　　　　B. Shift　　　　　　　C. Ctrl　　　　　　　D. 不需要按任何键

42. 打开"查找"对话框的快捷键是(　　)。

A. Alt+V　　　　　　B. Ctrl+F　　　　　　C. Shift+L　　　　　　D. Ctrl+L

43. 编辑栏是由(　　)组成的。

A. 工具栏，操作按钮和名称框　　　　　　B. 标题栏，操作按钮和名称框

C. 名称框，操作按钮和编辑框　　　　　　D. 工具栏，操作按钮和公式法

44. Excel 2010 的三个功能是(　　)，图表，数据库。

A. 电子表格　　　　B. 文字输入　　　　C. 公式计算　　　　D. 公式输入

45. 在 Excel 2010 中，使该单元格显示数值 0.3 的输入是(　　)。

A. 6/20　　　　　　B. ＝6/20　　　　　　C. "6/20"　　　　　　D. ＝"6/20"

46. "查找范围"输入框用于(　　)。

A. 选择需要的开的文件　　　　　　　　　B. 改变文件的属性

C. 改变文件的位置　　　　　　　　　　　D. 改变文件的大小

47. 如在编辑对话框中输入对 A1 和 C8 区域的引用，则应输入的是(　　)。

A. A1-C8　　　　　　B. A1：C8　　　　　　C. A1＊C8　　　　　　D. A1｜C8

48. 打开工作簿的按钮在(　　)。

A. 快速访问工具栏　　　　　　　　　　　B. "开始"选项卡

C. "视图"选项卡　　　　　　　　　　　　D. "数据"选项卡

49. 下面(　　)文件格式不能被 Excel 2010 打开。

A. ＊.html　　　　　B. ＊.wav　　　　　C. ＊.xls　　　　　D. ＊.xlsx

50. "另存为"命令属于(　　)。

A. "开始"选项卡　　　　　　　　　　　　B. "视图"选项卡

C. "文件"选项卡　　　　　　　　　　　　D. "数据"选项卡

51. 下列不属于"插入"选项卡中的命令是(　　)。

A. 表　　　　　　　B. 数据透视表　　　　C. 柱形图　　　　　D. 公式

52. 右击一个单元格后会出现快捷菜单，下列不属于其中选项的是(　　)。

A. 插入　　　　　　B. 删除　　　　　　　C. 删除工作表　　　　D. 复制

53. 在 Excel 2010 中向单元格内输入有规律的数据，应使用(　　)。

A. 单击选中多个单元格，输入数据

B. 将鼠标指针移到单元格光标左下角的方块时，使鼠标指针呈"+"形，按住并拖动鼠标到目标位置

C. 将鼠标指针移至选中单元格的黑色光标上，此时鼠标指针变为箭头形

D. 将鼠标指针移到单元格光标右下角的方块上，使鼠标指针呈"+"形，按住鼠标左键并拖到目标位置，然后松开鼠标即可

54. 编辑框中显示的是(　　)。

A. 删除的数据
B. 当前单元格的数据
C. 被复制的数据
D. 没有显示

55. 编辑栏的名称框显示为 A13，则表示(　　)。

A. 第 1 列第 13 行
B. 第 1 列第 1 行
C. 第 13 列第 1 行
D. 第 13 列第 13 行

56. 在 Excel 2010 中，下列标签名不属于"设计单元格式"对话框的是(　　)。

A. 数字
B. 字体
C. 填充
D. 格式

57. 在 Excel 2010 中，如果想改变数字格式可使用(　　)。

A. "开始"选项卡的"数字"选项组

B. "数据"选项卡的"数据工具"选项组

C. "插入"选项卡的"数字"选项组

D. "视图"选项卡的"数字"选项组

58. 在 Excel 2010 中，在"设计单元格格式"对话框的"对齐"选项中，使文本水平对齐的方式有(　　)种。

A. 4
B. 6
C. 8
D. 10

59. 在 Excel 2010 中，设置字体的按钮在(　　)中。

A. "插入"选项卡
B. "数据"选项卡
C. "开始"选项卡
D. "视图"选项卡

60. 在 Excel 2010 中，字体的默认大小是(　　)。

A. 四号
B. 五号
C. 10
D. 11

61. 在 Excel 2010 中，添加边框、颜色操作在"开始"选项卡中(　　)功能区。

A. 字体
B. 数字
C. 样式
D. 单元格

62. 在 Excel 2010 中，添加边框，颜色操作中，线条样式不可能是(　　)。

A. 细直实线
B. 粗直实线
C. 细弧线
D. 粗直虚线

63. 按快捷键 Ctrl+V 相当于使用(　　)命令。

A. 剪切
B. 复制
C. 单元格
D. 粘贴

64. 现在有 5 个数据需要求和，用鼠标仅选中这 5 个数据而没有空单元格，那么单击求和按钮后会出现(　　)。

A. 和保存在第五的数据的单元格中

B. 和保存在数据格后面的第一个空单元格中

C. 和保存在第一个数据的单元格中

D. 没有什么变化

65. 在 Excel 中，计算平均值可以使用(　　)函数完成。

A. MIN
B. AVERAGE
C. MAX
D. SUM

66. 对数据进行求和操作需要用到(　　)按钮。

    A. 求和　　　　　　　B. 粘贴函数　　　　C. 升序　　　　　　D. 插入超链接

67. Excel 2010 是以(　　)操作为主。

    A. 声音处理　　　　　B. 图形处理　　　　C. 文字处理　　　　D. 电子表格

68. 对 6 个同列数据进行求和,则和保存在(　　)。

    A. 第一个　　　　　　B. 第六个　　　　　C. 第三个　　　　　D. 第七个

69. 在 Excel 2010 中,填充功能不能实现(　　)操作。

    A. 复制等差数列　　　　　　　　　　　B. 复制数据公式到相邻单元格中

    C. 填充等比数列　　　　　　　　　　　D. 复制数据公式到不相邻的单元格中

70. 下列说法中不正确的是(　　)。

    A. "排序"对话框可以选择排序方式只有递增和递减两种

    B. 单击"数据"选项卡中的"排序"按钮,可以实现对工作表数据的排序功能

    C. 对工作表数据进行排序,如果在数据中的第一行包含列标记,可以使该行排除在排序之外

    D. "排序"对话框只有标题行和无标题行两种选择

71. 以下各项对 Excel 中筛选功能描述正确的是(　　)。

    A. 按要求对工作表数据进行排序

    B. 隐藏符合条件的数据

    C. 显示符合设定条件的数据,而隐藏其他

    D. 按要求对工作表数据进行分类

72. 若"排序"对话框中的主关键字的排序依据为"数值",则次序有(　　)方式。

    A. 3　　　　　　　　　B. 2　　　　　　　　C. 1　　　　　　　　D. 4

73. "排序"对话框中的"递增"和"递减"指的是(　　)。

    A. 数据的大小　　　　B. 排列次序　　　　C. 单元格的数目　　D. 以上都不对

74. "排序"对话框中有(　　)个关键字的栏。

    A. 1　　　　　　　　　B. 2　　　　　　　　C. 任意多个　　　　D. 3

75. "排序"按钮在(　　)选项卡。

    A. 公式　　　　　　　B. 插入　　　　　　C. 数据　　　　　　D. 视图

76. 下列不属于筛选列表框中的是(　　)。

    A. 自定义筛选　　　　B. 按颜色排序　　　C. 数字筛选　　　　D. 文本筛选

77. 在某一列有 0,1,2,3,…15 共 16 个数据,单击筛选箭头,如果选择筛选列表框中的"全部"则(　　)。

    A. 16 个数据保持不变　　　　　　　　　B. 16 个数据全部消失

    C. 16 个数据只剩下 10 个　　　　　　　D. 16 个数据只剩下"0"

78. "筛选"按钮在(　　)选项卡。

    A. 公式　　　　　　　B. 插入　　　　　　C. 视图　　　　　　D. 数据

79. 在 Excel 2010 中,"页眉和页脚"按钮在(　　)选项卡。

    A. 开始　　　　　　　B. 页面布局　　　　C. 插入　　　　　　D. 视图

80. 在某一列有 0, 1, 2, 3…15 共 16 个数据, 单击筛选箭头, 如果选择筛选列表框中的"9"则( )。

    A. 16 个数据只剩下 9 个数据　　　　　　B. 16 个数据只剩下 7 个数据

    C. 16 个数据只剩下"9"这个数据　　　　D. 16 个数据全部消失

81. 以下选项中, 可以实现将工作表页面的打印方向指定为横向的是( )。

    A. 进入"页面布局"选项卡, 选中"纸张方向"选区下的"横向"命令

    B. 进入 office 按钮下的"打印预览"选项, 选中"方向"选区下的"横向"单选框

    C. 进入"页面布局"选项卡, 选中"纸张方向"选区下的"打印区域"命令

    D. 快速访问工具栏中的"打印预览"按钮

82. 在页面布局设置过程中, 选定部分区域内容进行打印的方法是( )。

    A. 单击页面设置对话框中的工作表标签, 单击打印预览中的红色箭头, 然后用鼠标选定区域按 enter 键

    B. 直接用鼠标选取要打印的区域

    C. 单击"页面设置"功能区中的"页边距"标签, 然后用鼠标选定区域

    D. 以上说法均不正确

83. 在 Excel 2010 中, 通过"页面设置"组中的"纸张方向"按钮, 可以设置( )。

    A. 纵向和垂直　　　B. 纵向和横向　　　C. 横向和垂直　　　D. 垂直和平行

84. 在 Excel 2010 中, "页面设置"选项组中有( )按钮。

    A. 页面, 页边距, 打印区域, 分隔符

    B. 页边距, 打印区域, 分隔符, 工作表

    C. 页边距, 打印区域, 分隔符, 打印标题

    D. 页边距, 打印区域, 分隔符, 打印预览

85. 在 Excel 2010 中, "页面设置"选项组可以设置很多项目, 但不可以设置( )。

    A. 每页具有相同标题的"顶端"标题行

    B. 页边距

    C. 打印区域

    D. 页眉和页脚

86. 在 Excel 2010 中, 能说明对第二行第二列的单元格绝对地址引用的是( )。

    A. B $2　　　　　　B. $ B $2　　　　　C. $ B2　　　　　D. B2 $

87. 在 Excel 2010 中, 删除工作表中与图标有连接的数据时, 图标将( )。

    A. 不会发生变化　　　　　　　　　　B. 被删除

    C. 被复制　　　　　　　　　　　　　D. 自动删除相应的数据点

88. 打印 Excel 2010 的工作簿, 应先进行页面设置, 当选择页面标签时, 不可以进行的设置是( )。

    A. 设置打印方向　　　　　　　　　　B. 设置缩放比例

    C. 设置打印质量　　　　　　　　　　D. 设置打印区域

89. 在 Excel 2010 中, "∑▼"表示的是( )。

    A. 求和　　　　　　　　　　　　　　B. 求两个数的乘积

C. 求平均值　　　　　　　　　　　　D. 没有意义

90. 在 Excel 2010 中，系统默认一个工作簿包含 3 个工作表，用户对工作表(　　)。

A. 可以增加或删除　　　　　　　　B. 不能增加或删除

C. 只能增加　　　　　　　　　　　D. 只能删除

91. 下面关于 Excel 2010 中图表的说法，正确的是(　　)。

A. 图表既可以是嵌入图表，也可以是独立视图表，其不同在于独立视图表必须与产生图表的数据在一个工作表

B. 嵌入图表不可以在工作表中移动和改变大小

C. 对于嵌入图表，当其对应的数据改变时，图表也发生相应的改变；而独立视图表不会在其对应的数据改变的时自动发生改变

D. 无论嵌入图表，还是图表工作表，当其对应的数据发生改变时，图表都会发生相应的改变

92. 在 Excel 2010 中，关于筛选数据的说法正确的是(　　)。

A. 删除不符合设定条件的其他内容

B. 将改变不符合条件的其他行的内容

C. 筛选后仅显示符合我们设定筛选条件的某一值或符合一组条件的行

D. 将隐藏符合条件的内容

93. 在 Excel 2010 中，选取单元格区域 A2：D10 的方法是(　　)。

A. 鼠标指针移动 A2 单元格，按住鼠标左键拖动到 D10

B. 在名称框中输入单元格区域 A2-D10

C. 单击 A2 单元格，然后单击 D10 单元格

D. 单击 A2 单元格，然后按住 Ctrl 键单击 D10 单元格

94. 下列说法中正确的是(　　)。

A. 在 Excel 工作表中，同一列中的不同单元格的数据格式可以设置成不同的

B. 在 Excel 工作表中，同一列中的各单元格的数据格式必须设置成相同的

C. 在 Excel 工作表中，只能清除单元格中的内容，不能清除单元格中的格式

D. 在 Excel 2010 中，单元中的数据只能左对齐

二、多项选择题

1. 在 Excel 2010 中，"文件"按钮中的"信息"有哪些内容(　　)。

A. 权限　　　　B. 检查问题　　　　C. 管理版本　　　　D. 帮助

2. 在 Excel 2010 的打印设置中，可以设置打印的部分是(　　)。

A. 打印活动工作表　　　　　　　　B. 打印整个工作簿

C. 打印单元格　　　　　　　　　　D. 打印选定区域

3. 在 Excel 2010 中，工作簿视图方式有哪些(　　)。

A. 普通　　　　B. 页面布局　　　　C. 分页预览　　　　D. 自定义视图

E. 全屏显示

4. Excel 的三要素是(　　)。

A. 工作簿　　　　B. 工作表　　　　C. 单元格　　　　D. 数字

5. Excel 2010 的"页面布局"功能区可以对页面进行( )设置。

    A. 页边距   B. 纸张方向、大小

    C. 打印区域   D. 打印标题

6. Excel 2010 的编辑栏由( )等部分组成。

    A. 名称框   B. 单元格   C. 操作按钮   D. 编辑框

7. "对齐"选项卡下的"垂直对齐"下拉列表框中给出了( )选项。

    A. 靠上、居中、靠下   B. 两端对齐

    C. 分散对齐   D. 跨列居中

8. 在 Excel 2010 工作表中,欲将单元格 A1 中的公式复制到区域 A2:A10 的方法是( )。

    A. 选定区域 A1:A10,使用"编辑"菜单的"复制"命令

    B. 将鼠标指向单元格 A1 的填充句柄,拖动鼠标到 A10

    C. 选定单元格 A1,使用"编辑"菜单的"剪切"命令,再选定区域 A2:A10,使用"编辑"菜单的"粘贴"命令。

    D. 选定单元格 A1,使用"编辑"菜单的"复制"命令,再选定区域 A2:A10,使用"编辑"菜单的"粘贴"命令。

    E. 选定单元格 A1,使用快捷菜单的"复制"命令,再选定区域 A2:A10,使用快捷菜单的"粘贴"命令。

9. Excel 2010 的( )可以计算和存储数据。

    A. 工作表   B. 工作簿   C. 工作区   D. 单元格

10. Excel 2010 的数据类型包括( )。

    A. 字符型   B. 数值型   C. 日期时间型   D. 逻辑型

三、填空题

1. 在 Excel 2010 的_____是计算和存储数据的文件。

2. 工作表内的长方形空白,用于输入文字、公式的位置称为_____。

3. 在 Excel 2010 中每个单元格中最多可以容纳_____个字符。

4. 在 Excel 2010 中输入_____数据时,可以自动填充快速输入。

5. 在 Excel 2010 中,双击某单元格可以对该单元格进行_____工作。

6. 在 Excel 2010 中,双击某工作表标识符,可以对该工作表进行_____操作。

7. 在 Excel 2010 中,标识单元格区域的分隔符号必须用_____符号。

8. 在 Excel 2010 中用鼠标将某单元格的内容复制到另一单元格中时,应同时按下_____键。

9. 在 Excel 2010 中,选中整个工作表的快捷方式是_____。

10. 在 Excel 2010 中,在某段时间内,可以同时有_____个当前活动的工作表。

11. 工作表的名称显示在工作簿底部的_____上。

12. 在 Excel 2010 中,编辑栏由名称框、_____和编辑框 3 部分组成。

13. 单元格中的数据在水平方向上有_____、_____和_____3 种对齐方式。

14. 在 Excel 2010 中，已知某单元格的格式为 000.00，值为 23.785，则其显示内容为_____。

15. 在 Excel 2010 中，操作按钮包括_____、_____、_____。

16. 更改了屏幕上工作表的显示比例，对打印效果_____。

17. 在 Excel 2010 中设置的打印方向有_____和_____两种。

18. 在 Excel 2010 中用来存储和处理数据的最主要的文档是_____。

19. 单击工作表_____的矩形块，可以选取整个工作表。

20. 直接按_____和_____组合键，可以选择前一个或后一个工作表为当前工作表。

21. 在输入过程中，用户要取消刚才输入到当前单元格的所有数据时，可用鼠标单击撤销按钮或按_____组合键。

22. 公式或由公式得出的数值都_____常量。

23. 将"A1+A4+B4"用绝对地址表示为_____。

24. Excel 2010 默认保存工作簿的格式为_____。

25. 在 Excel 中，如果要将工作表冻结便于查看，可以用_____功能区的"冻结窗格"命令来实现。

第五章　PowerPoint 2010 办公演示文稿处理

Microsoft PowerPoint 2010 演示文稿软件主要用于制作演讲、报告、公司简介、产品介绍，是一种电子版的幻灯片，它提供了世界上最出色的功能，其增强后的功能可创建专业水准的演示文稿。

本章结合五个综合案例：图解 2015 施政要点演示文稿制作、审计业务档案管理培训课件制作、北京主要旅游景点介绍演示文稿制作、产品宣传演示文稿制作、日月潭风情演示文稿制作来进行实训教学，旨在训练学生能从解决实际演示文档设置出发，举一反三，熟练掌握一整套的演示文档设计与制作方法。

Part I　实 训 指 导

任务一　图解 2015 施政要点演示文稿的制作

1.1　情境创设

第十二届全国人民代表大会第三次会议政府工作报告中看点众多，精彩纷呈。为了更好地宣传大会精神，新闻编辑小张须制作一份演示文稿，"文本素材.docx"及相关图片文件均已提供，具体要求如下：

1. 演示文稿共包含八张幻灯片，分为 5 节，节名分别为"标题、第一节、第二节、第三节、致谢"，各节所包含的幻灯片页数分别是 1、2、3、1、1 张；每一节中的幻灯片设为同一种切换方式，节与节的幻灯片切换方式均不同；设置幻灯片主题为"角度"。将演示文稿保存为"图解 2015 施政要点.pptx"，后续操作均基于此文件。

2. 第一张幻灯片为标题幻灯片，标题为"图解今年施政要点"，字号不小于 40；副标题为"2015 年两会特别策划"，字号为 20。

3. "第一节"下的两张幻灯片，标题为"一、经济"，展示所给的 Eco1.jpg—Eco6.jpg 的图片内容，每张幻灯片包含 3 幅图片，图片在锁定纵横比的情况下高度不低于 125px；设置第一张幻灯片中 3 幅图片的样式为"剪裁对角线、白色"，第二张幻灯片中 3 幅图片的样式为"棱台矩形"；设置每幅图片的进入动画效果为"上一动画之后"。

4. "第二节"下的 3 张幻灯片，标题为"二、民生"，其中第一张幻灯片内容为所给的 Ms1.jpg—Ms6.jpg 的图片，图片大小设置为 100px(高) * 150px(宽)，样式为"居中矩形阴影"，每幅图片的进入动画效果为"上一动画之后"；在第二、第三张幻灯片中，利用"垂直图片列表"SmartArt 图形展示"文本素材"中的"养老金"到"环境保护"七个要点，图片对应 Icon1.jpg—Icon7.jpg，每个要点的文字内容有两级，对应关系与素材保持一致。要求第二张幻灯片展示 3 个要点，第三张展示 4 个要点；设置 SmartArt 图形的进入动画效果与进入时间为"逐个"、"与上一动画同时"。

5. "第三节"下的幻灯片，标题为"三、政府工作需要把握的要点"，内容为"垂直框列表"SmartArt 图形，对应文字参考"文本素材 . docx"。设置 SmartArt 图形的进入动画效果与进入时间为"逐个"、"与上一动画同时"。

6. "致谢"下的幻灯片，标题为"致谢！"，内容为所给的"End. jpg"图片，图片样式为"映像圆角矩形"。

7. 除标题幻灯片外，在其他幻灯片的页脚处显示页码。

8. 设置幻灯片为循环放映方式，每张幻灯片的自动切换时间为 10 秒。

1.2 任务分析

所谓"演示文稿"，是指由 Microsoft PowerPoint 2010 制作的". pptx"文件，用来在自我介绍或组织情况、阐述计划、实施方案时展示的一系列材料，这些材料集文字、表格、图形、图像、动画及声音于一体，并以幻灯片的形式组织起来，能够极富感染力地表达出演讲者要表达的内容。

在 Powerpoint 中，演示文稿和幻灯片这两个概念是有差别的。演示文稿是一个". pptx"文件，而幻灯片是演示文稿中的一个页面。一份完整的演示稿由若干张相互联系并按一定顺序排列的幻灯片组成。

创建演示文稿有很多种方法，常用的方法有内容提示向导、设计模板和空演示文稿，其中："内容提示向导"是创建演示文稿最迅速的方法，它提供了建议内容和设计方案，是初学者最常用的方式；使用"设计模板"创建的演示文稿具有统一的外观风格，但和"内容提示向导"相比则少了建议性内容；而空演示文稿不带任何模板设计，只有具有布局格式的白底幻灯片。小张设计的演示文档效果如图 5-1、图 5-2 所示。

图 5-1 "施政要点"演示文稿封面

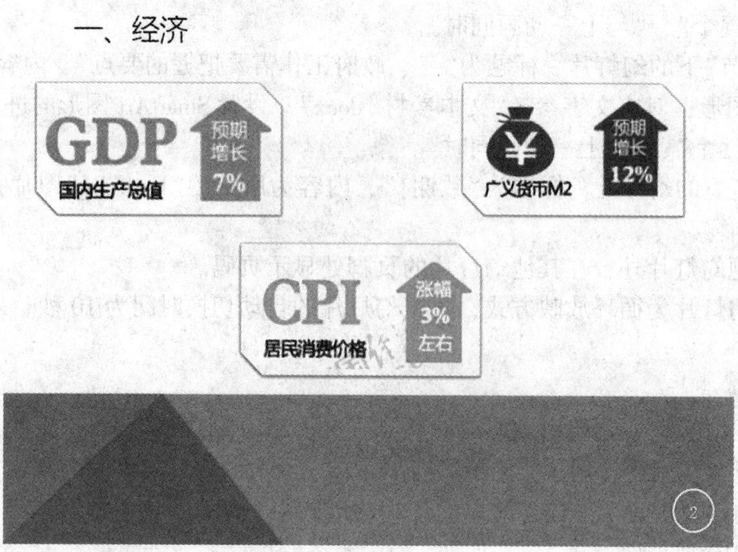

一、经济

图 5-2 "施政要点"演示文稿部分内容

1.3 任务实现

1. 创建新演示文稿并设置切换效果

（1）新建一个 Powerpoint 演示文稿，命名为"图解 2015 施政要点"。

（2）连续单击"开始"选项卡下"幻灯片"选项组中的"新建幻灯片"按钮，使演示文稿包含 8 张幻灯片。

（3）选择第一张幻灯片，单击右键，选择"新增节"并重命名为"标题"。按同样的方法，设置第二、第三张幻灯片为第一节，第四、第五、第六张幻灯片为第二节，第七张幻灯片为第二节，第八张幻灯片为致谢。

（4）在"切换"选项卡下"切换到此幻灯片"选项组中，为每一节的幻灯片设置同一种切换效果，注意节与节的幻灯片切换方式均不同。

（5）在"设计"选项卡下"主题"选项组中选择"角度"主题。

2. 设置标题字号

（1）选择第一张幻灯片，单击鼠标右键，在弹出的快捷菜单中选择"版式"级联菜单中的"标题幻灯片"。

（2）在第一张幻灯片的标题处输入文字"图解今年年施政要点"，在"开始"选项卡下的"字体"选项组中将字号设为不小于 40。

（3）将副标题设为"2015 年两会特别策划"，在"字体"选项组中将字号设为 20。

3. 插入图片并设置图片进入动画

（1）在第二、第三张幻灯片的标题处输入文字"一、经济"。

（2）在第二张幻灯片中，单击"插入"选项卡下"图像"选项组中的"图片"按钮，将所给的 Eco1. jpg 至 Eco3. jpg 插入幻灯片中。

（3）在第三张幻灯片中，使用同样的方法将所给的 Eco4. jpg 至 Eco6. jpg 插入幻灯片中。

(4)选择插入的图片，单击"格式"选项卡下"大小"选项组中的对话框启动器按钮，弹出"设置图片格式"对话框(如图5-3所示)，勾选"锁定纵横比"复选框，高度不低于125像素。

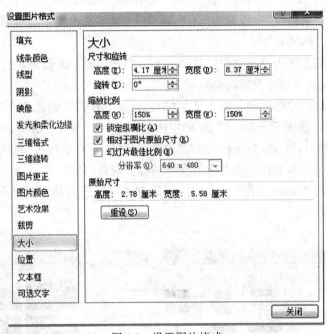

图5-3 设置图片格式

(5)选择第二张幻灯片中的3幅图片，单击"格式"选项卡下"图片样式"选项组中的"剪裁对角线，白色"按钮。

(6)选择第三张幻灯片中的3幅图片，单击"格式"选项卡下"图片样式"选项组中的"棱台矩形"样式。

(7)选择插入的图片，在"动画"选项卡下"动画"组中，为图片设置一种进入动画效果，在"计时"选项组中将每张图片的进入时间都设置为"上一动画之后"。

4. 插入图片与SmartArt图形

(1)在第四、第五、第六张幻灯片的标题处输入文字："二、民生"。

(2)在第四张幻灯片中，单击"插入"选项卡下"图像"选项组中的"图片"按钮，将所给的Ms1.jpg至Ms6.jpg插入到幻灯片中。

(3)选择插入的图片，单击"格式"选项卡下"大小"选项组中的对话框启动器按钮，在弹出的"设置图片格式"对话框中将高度设为"100像素"，宽度设为"150像素"。

(4)选择插入的图片，单击"格式"选项卡下"图片样式"选项组中的"居中矩形阴影"按钮。

(5)选择插入的图片，在"动画"选项卡下"动画"选项组中，为图片设置一种进入动画效果，在"计时"选项组中将每张图片的进入时间都设置为"上一动画之后"。

（6）在第五张幻灯片中，单击"插入"选项卡下"插图"选项组中的"SmartArt"按钮，在弹出的"选择 SmartArt 图形"对话框中选择"垂直图片列表"。

（7）双击最左侧的形状，在打开的对话框中将所给的"Icon1. jpg"插入到幻灯片中。然后选择右侧的形状，参考所给的文本素材，将对应的文字内容复制到幻灯片中。

（8）选择插入的 SmartArt 图形，在"动画"选项卡下"动画"选项组中为图片设置一个进入动画效果。在"效果选项"中设置为"逐个"，在"计时"选项组中将每张图片的进入时间都设置为"与上一动画同时"。

（9）使用同样的方法为第五张幻灯片插入 SmartArt 图形，图形为 4 组。

5. 插入 SmartArt 图形并设置动画效果

（1）在第七张幻灯片的标题处输入文字"三、政府工作需要把握的要点"。

（2）单击"插入"选项卡下"插图"选项组中的"SmartArt"按钮，在弹出的"选择 SmartArt 图形"对话框（如图 5-4 所示）中选择"列表"选项组中的"垂直框列表"选项。

（3）打开所给的文本素材，将对应的文字内容复制到幻灯片中。

（4）选择插入的 SmartArt 图形，使用同样的方法设置进入动画效果与进入时间为"逐个"、"与上一动画同时"。

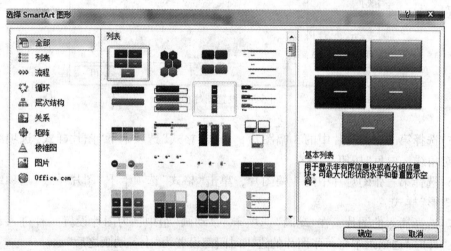

图 5-4　插入 SmartArt 图形

6. 设置图片样式

（1）在第八张幻灯片的标题处输入文字"谢谢！"。

（2）使用同样的方法插入"End. jpg"图片，并设置为"映像圆角矩形"样式。

7. 插入幻灯片编号

单击"插入"选项卡下"文本"选项组中的"页眉和页脚"按钮，弹出"页眉和页脚"对话框，勾选"幻灯片编号"和"标题幻灯片中不显示"复选框，单击"全部应用"按钮。

8. 设置放映方式

（1）在"切换"选项卡下"计时"选项组中勾选"设置自动换片时间"复选框，将时间设置为 10 秒钟，单击"全部应用"按钮。

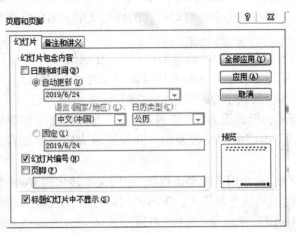

图 5-5　"页眉和页脚"对话框

（2）单击"幻灯片放映"选项卡下"设置"选项组中的"设置幻灯片放映"按钮，弹出"设置放映方式"对话框（如图 5-6 所示），在"放映选项"中勾选"循环放映，按 ESC 键终止"，最后单击"确定"按钮。

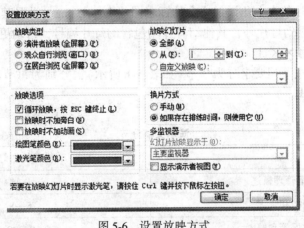

图 5-6　设置放映方式

任务二　审计业务档案管理培训课件的制作

2.1　情境创设

某注册会计师协会培训部的小张老师正在准备有关审计业务档案管理的培训课件，她已收集并整理了一份相关资料存放在 Word 文档"PPT_素材.docx"中。她需要按照下列要求来完成 PPT 课件的整合制作。

1. 创建一个名为"PPT. pptx"的新演示文稿，后续操作均基于此文件。该演示文稿需要包含 Word 文档"PPT_素材 . docx"中的所有内容，Word 素材文档中的红色文字、绿色文字、蓝色文字分别对应演示文稿中每页幻灯片的标题文字、第一级文本内容、第二级文本内容。

2. 将第一张幻灯片的版式设为"标题幻灯片"，在该幻灯片的右下角插入任意一幅剪贴画，依次为标题、副标题和新插入的图片设置不同的动画效果，其中副标题作为一个对象发送，并且指定动画出现顺序为图片、副标题、标题。

3. 将第三张幻灯片的版式设为"两栏内容"，在右侧的文本框中插入所给的 Excel 文档"业务报告签发稿纸 . xlsx"中的模板表格，并保证该表格内容随着 Excel 文档的改变而自动变化。

4. 将第四张幻灯片"业务档案管理流程图"中的文本转化的 Word 素材中示例图所示的 SmartArt 图形并适当更改其颜色和样式。为本张幻灯片的标题和 SmartArt 图形添加不同的动画效果，令 SmartArt 图形伴随着"风铃"声逐个飞入。为 SmartArt 图形中"建立业务档案"下的文字"案卷封面、备考表"添加链接到所给的 Word 文档"封面备考表模板 . docx"超链接。

5. 将标题为"七、业务档案的保管"所属的幻灯片拆分为 3 张，其中(一)至(三)为 1 张，(四)及下属内容为 1 张，(五)及下属内容为 1 张，标题均为"七、业务档案的保管"。为"(四)业务档案保管的基本方法和要求"所在的幻灯片添加备注"业务档案保管需要做好的八防工作：防火、防潮、防霉、防虫、防光、防尘、防盗"。

6. 在每张幻灯片的左上角添加协会的标志图片 Logo1. png，设置其位于最底层以免遮挡标题文字。除标题幻灯片外，其他幻灯片均包含幻灯片编号，自动更新的日、日期格式为××××年××月××日。

7. 将演示文稿按下列要求分为 3 节(如表 5-1 所示)，分别为每节应用不同的设计主题和幻灯片切换方式。

表 5-1　　　　　　　　　　　　　**演示文稿分节**

节名	包含的幻灯片
档案管理概述	1—4
归档和管理	5—8
档案保管和销毁	9—13

2.2　任务分析

因前期准备好了相关素材，小张仔细分析了设计要求后，很快就完成了该任务，效果如图 5-7、图 5-8 所示。

2.3　任务实现

1. 新建演示文稿并粘贴文字内容

（1）启动 Powerpoint 演示文稿，新建一个空白的演示文稿。

图 5-7 "培训课件"演示文稿封面

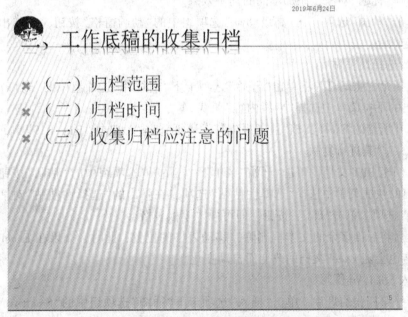

图 5-8 "培训课件"演示文稿部分内容

（2）单击"文件"选项卡下的"另存为"按钮，弹出"另存为"对话框，在该对话框中将"文件名"设为"PPT. pptx"并保存。

（3）单击"开始"选项卡下"幻灯片"选项组中的"新建幻灯片"按钮，可新建幻灯片。

（4）打开 Word 文档"PPT_素材.docx"文件，将素材文中的红色文字复制并粘贴到每页幻灯片的标题处，绿色文字复制并粘贴到每页幻灯片的第一级文本内容处，蓝色文字复制并粘贴到每页幻灯片的第二级文本内容处。

（设置文本级别的方法：选择粘贴好的绿色或蓝色文字内容，在"开始"选项卡下"段落"选项组中通过单击"提高列表级别"按钮和"降低列表级别"按钮，即可提升或降低标题层次。在幻灯片中，文本的级别一共有 3 级，默认为第一级。）

2. 插入剪贴画并设置动画效果

（1）选择第一张幻灯片，单击"开始"选项卡下"幻灯片"选项组中的"版式"按钮，在弹出的下拉菜单中选择"标题幻灯片"。

（2）单击"插入"选项卡下"图像"选项组中"剪贴画"按钮，任意添加一幅剪贴画并将其放置于该幻灯片的右下角，例如：在"搜索文字"文本框中输入"人物"，按回车键进行搜索后选择需要的人物图像，即可添加人物。

（3）设置完成后，依次为标题、副标题和新插入的图片设置不同的动画效果，选择插入的图片，在"动画"选项卡中设置动画效果，将"计时"选项组中的"开始"设置为"上一动画之后"。

（4）选择"副标题"对象，添加不同的动画效果，单击"效果选项"按钮，在弹出的快捷菜单中选择"作为一个对象"选项，将"计时"设置为"上一动画之后"。

（5）选择"标题"对象，添加不同的动画效果。

（6）单击"动画"选项卡下"高级动画"选项组中的"动画窗格"按钮，在弹出的列表框中设置指定顺序。

3. 进行选择性粘贴

（1）选择第三张幻灯片，单击"开始"选项卡下"幻灯片"选项组中的"幻灯片版式"按钮，在弹出的下拉菜单中选择"两栏内容"版式。

（2）打开所给的 Excel 文档"业务报告签发稿纸.xlsx"，选择"B1：E19"单元格，按组合键 Ctrl+C，对其进行复制。

（3）返回至 PPT 文档，单击"开始"菜单下"剪贴板"选项组中的"粘贴"按钮下的小三角，在弹出的快捷菜单中选择"选择性粘贴"选项，在弹出的"选择性粘贴"对话框中勾选"粘贴链接"选项，单击"确定"按钮，即可插入模板表格。

（4）然后将后面多余的文本框删除，移动表格的位置，此时，如果在 Excel 中更改内容，该表格也会随 Excel 文档的改变而自动变化。

4. 插入 SmartArt 图形

（1）选择第四张幻灯片，单击"插入"选项卡下"插图"选项组中的"SmartArt"按钮，弹出"选择 SmartArt 图形"按钮，在弹出的"选择 SmartArt 图形"对话框下方选择"分阶段流程"选项，单击"确定"按钮，插入完成后，将多余的 SmartArt 图形删除，并适当地添加形状，然后添加相应的文字，适当地调整字体的大小。

（2）选择 SmartArt 图形，在"SmartArt 样式"选项组中设置效果，单击"更改颜色"按钮，在弹出的下拉列表中选择一种颜色。

（3）选择第四张幻灯片的标题，选择"动画"选项卡以添加动画效果，将"计时"的"开始"设置为"上一动画之后"。

（4）选择 SmartArt 图形，为其添加动画效果，单击"效果选项"按钮，在弹出的下拉列表中选择"逐个级别"选项，将"开始"设置为"上一动画之后"；单击"动画窗格"按钮，打开"动画窗格"任务窗格，在下方选择右侧的下三角按钮，在弹出的下拉列表中选择"效果选项"按钮，在弹出的对话框中，将"增强"下方的"声音"设置为"风铃"，最后单击"确定"按钮即可。

（5）选择 SmartArt 图形中"建立业务档案"下的文字"案卷封面、备考表"，单击鼠标右键，在弹出的快捷菜单中选择"超链接"选项，在弹出的"插入超链接"对话框中选择 Word文档"封面备考表模板.docx"，单击"确定"按钮，完成链接。

5. 拆分幻灯片

（1）选择标题为"七、业务档案的保管"所属的幻灯片，将其拆分为 3 张，其中（一）至（三）为 1 张、（四）及下属内容为 1 张，（五）及下属内容为 1 张，标题均为"七、业务档案的保管"。

（2）为"（四）业务档案保管的基本方法和要求"所在的幻灯片添加备注"业务档案保管需要做好的八防工作：防火、防水、防潮、防霉、防虫、防光、防尘、防盗"。

6. 插入标志图片并添加日期和时间

（1）选择第一张幻灯片，单击"插入"选项卡下"图像"选项组中的"图片"按钮，选择协会的标志图片 Logo1.png，单击"插入"按钮，将其放置幻灯片的左上角，然后在插入的图片上单击鼠标右键，在弹出的快捷菜单中选择"置于底层"按钮。

（2）使用同样的方法，为其他的幻灯片的左上角添加协会的标志图片 Logo1.png，并将其置于底层以免遮挡标题文字。

（3）选择除标题幻灯片外的其他所有幻灯片，单击"插入"选项卡下"文本"选项组中的"日期和时间"按钮，弹出"页眉和页脚"对话框，勾选"日期和时间"、"幻灯片编号"、"标题幻灯片中不显示"复选框，"日期和时间"设置为自动更新，单击"全部应用"按钮。

7. 应用主题并设置切换效果

（1）选择第一张幻灯片，在其上方单击鼠标右键，在弹出的快捷菜单中选择"新增节"。在新添加的"无标题节"处单击鼠标右键，在弹出的快捷菜单中选择"重命名节"，将"节名称"设置为"档案管理概述"。

（2）在第五张幻灯片的上方，单击鼠标右键，在弹出的快捷菜单中选择"新增节"选项，将其重新命名为"归档和整理"。

（3）在第九张幻灯片的上方，单击鼠标右键，在弹出的快捷菜单中选择"新增节"选项，将其重新命名为"档案保管和销毁"。

（4）选定第一至第四张幻灯片，在"设计"选项卡下"主题"选项组中需要应用的主题上方单击鼠标右键，在弹出的快捷菜单中选择"应用于选定幻灯片"选项，单击"主题"→"颜色"按钮，在弹出的下拉列表中选择一种主题颜色。

（5）使用同样的方法，为剩余的两节应用不同的主题。

（6）选择（一）至（四）张幻灯片，在"切换"选项卡下"切换到此幻灯片"选项组中为其添加切换效果。

（7）使用同样的方法，为剩余的两节应用不同的切换效果。

任务三　北京主要旅游景点介绍材料的制作

3.1　情境创设

为进一步提升北京旅游行业整体队伍素质，打造高水平、懂业务的旅游景区建设与管理队伍，北京旅游局将对工作人员进行一次业务培训，主要围绕"北京主要景点"进行介绍，包括文字、图片、音频等内容。根据所给的素材文档"北京主要景点介绍—文字.docx"，小张需要帮助主管人员完成培训材料的制作任务，具体要求如下：

1. 新建一份演示文稿，并以"北京主要旅游景点介绍.pptx"为文件名保存。

2. 第一张标题幻灯片中的标题为"北京主要旅游景点介绍"，副标题为"历史与现代的完美融合"。

3. 在第一张幻灯片中插入歌曲"北京欢迎你.mp3"，设置为自动播放并设置声音图标在放映时隐藏。

4. 第二张幻灯片的版式为"标题和内容"，标题为"北京主要景点"，在文本区域中以项目符号列表方式依次添加下列内容：天安门、故宫博物院、八达岭长城、颐和园、鸟巢。

5. 自第三张幻灯片开始，按照天安门、故宫博物院、八达岭长城、颐和园、鸟巢的顺序依次介绍北京各主要景点，相应的文字素材"北京主要景点介绍—文字.docx"以及图片文件均已提供，要求每个景点介绍占用一张幻灯片。

6. 最后一张幻灯片的版式设置为"空白"并插入艺术字"谢谢"。

7. 将第二张幻灯片列表中的内容分别超链接到后面对应的幻灯片，添加返回到第二张幻灯片的动作按钮。

8. 为演示文稿选择一种设计主题，要求字体和整体布局合理、色调统一，为每张幻灯片设置不同的幻灯片切换效果以及文字和图片的动画效果。

9. 除标题幻灯片外，其他幻灯片的页脚均包含幻灯片编号、日期和时间。

10. 设置演示文稿放映方式为"循环放映，按 ESC 键停止"，换片方式为"手动"。

3.2　任务分析

小张对演示文稿操作很熟练，利用现有的素材，她很快就完成了制作任务，效果如图5-9、图5-10 所示。

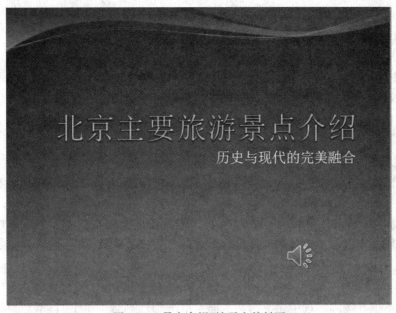

图 5-9 "景点介绍"演示文稿封面

图 5-10 "景点介绍"演示文稿部分内容

3.3 任务实现

1. 新建演示文稿

新建一份演示文稿并命名为"北京主要旅游景点介绍.pptx"。

2. 输入标题文字

打开演示文稿,在第一张幻灯片的"单击此处添加标题"处单击鼠标,输入文字"北京主要旅游景点介绍"，副标题设置为"历史与现代的完美融合"。

3. 添加音频

(1)单击"插入"选项卡下"媒体"选项组中的"音频"下拉按钮，在弹出的下拉列表中选择"文件中的音频"，弹出"插入音频"对话框，在该对话框中选择所给的"北京欢迎您.mp3"素材文件，单击"插入"按钮，即可将音乐素材添加至幻灯片中。

(2)打开"音频工具"，将"播放"选项卡下"音频"选项组中的"开始"设置为自动，勾选"放映时隐藏"复选框。

4. 新建幻灯片并命名

(1)单击"开始"选项卡下"幻灯片"选项组中的"新建幻灯片"下拉按钮，在弹出的下拉列表中选择"标题和内容"选项。

(2)在标题处输入文字"北京主要景点"，然后在正文文本框内输入素材中所示的文字，此处使用文本区域中默认的项目符号。

5. 插入图片

(1)将光标定位在第二张幻灯片下方，按 Enter 键新建版式为"标题和内容"的幻灯片，选中标题文本框并删除。选中余下的文本框，单击"开始"选项卡下"段落"选项组中"项目符号"右侧的下三角按钮，在弹出的下拉列表中选择"无"选项。

(2)选择第三张幻灯片，对其进行复制并粘贴 4 次。打开所给的"北京主要景点介绍—文字.docx"素材文件，选择第一段文字将其进行复制，将其粘贴到第三张幻灯的文本框内。

(3)单击"插入"选项卡下"图像"选项组中的"图片"按钮，在弹出的"插入图片"对话框中选中所给的素材文件"天安门.jpg"，单击"打开"按钮即可插入图片，适当调整图片的大小和位置。

(4)使用同样的方法将介绍故宫、八达岭长城、颐和园、鸟巢的文字粘贴到不同的幻灯片中，并插入相应的图片。

6. 插入艺术字

(1)选择第 7 章幻灯片，单击"开始"选项卡下"幻灯片"选项组中的"新建幻灯片"下拉按钮，在弹出的下拉列表中选择"空白"选项。

(2)单击"插入"选项卡下"文本"选项组中的"艺术字"下拉按钮，在弹出的下拉列表中选择一种艺术字，此处我们选择"渐变填充—紫色，强调文字颜色 4，映像"。

(3)将艺术字文本框内的文字删除，输入文字"谢谢"，最后适当地调整艺术文字的位置。

7. 插入超链接并进行动作设置

(1)选择第二张幻灯片，选择该幻灯片中的"天安门"字样，单击"插入"选项卡下"链接"选项组中的"超链接"按钮，在弹出的"插入超链接"对话框(如图 5-11 所示)中将"链接到"设置为"本文档中的位置"，在"请选择文档中的位置"列表框中选择"幻灯片 3"选项，单击"确定"按钮。

(2)切换至第三张幻灯片，单击"插入"选项卡下"插图"选项组中"形状"下拉按钮，在弹出的下拉列表中选择"动作按钮"中的"动作按钮：后退或前一项"形状。

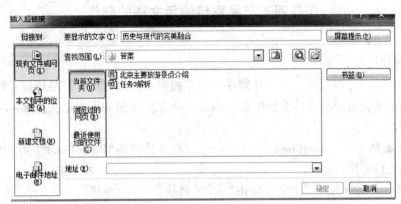

图 5-11　插入超级链接

（3）在第三张幻灯片的空白位置绘制动作按钮，绘制完成后弹出"动作设置"对话框，在该对话框中单击"超链接到"选项的下拉按钮，在弹出的下拉列表中选择"幻灯片"选项。在弹出的"超链接到幻灯片"对话框中选择"2. 北京主要景点"，单击"确定"按钮。

（4）再次单击"确定"按钮，退出对话框，最后适当地调整动作按钮的大小和位置。

（5）使用同样的方法，将第二张幻灯片列表中余下内容分别超链接到对应的幻灯片上，复制新建的动作按钮并粘贴到相应的幻灯片中。

8. 设置幻灯片切换效果

（1）单击"设计"选项卡中"主题"选项组中"其他"的下三角按钮，在弹出的下拉列表中选择"流畅"主题。

（2）为幻灯片设置完主题后，适当调整图片和文字的位置。选择第一张幻灯片，单击"切换"选项卡下"切换到此幻灯片"选项组中的"其他"按钮，在弹出的下拉列表中选择"溶解"选项。

（3）选中第一张幻灯片，单击"切换"选项卡下"切换到此幻灯片"选项组中"分割"按钮，随后按照同样的方法为其他幻灯片设置不同的切换效果。

（4）选中第一张幻灯片的标题文本框，单击"动画"选项卡下"动画"选项组中"其他"选项的下三角按钮，在弹出的下拉列表中选择"浮入"选项。选中该幻灯片中的副标题，设置动画效果为"淡出"。按照同样的方法为余下的幻灯片中的文字和图片设置不同的动画效果。

9. 插入时间与日期

单击"插入"选项卡下"文字"组中的"页眉和页脚"按钮，在弹出的"页眉和页脚"对话框中勾选"日期和时间"复选框、"幻灯片编号"复选框和"标题幻灯片中不显示"复选框，单击"全部应用"按钮。

10. 设置放映方式

单击"幻灯片放映"选项卡下"设置"选项组中的"设置幻灯片放映"按钮，弹出"设置放映方式"对话框，在"放映选项"选项组中勾选"循环放映，按 ESC 键终止"复选框，将"换片方式"设置为手动，最后单击"确定"按钮。

任务四 产品宣传演示文稿的制作

4.1 情境创设

在某展会的产品展示区，公司计划在大屏幕投影上向来宾展示产品信息，因此需要市场部助理小张来完善产品宣传文稿的演示内容。小张应按照如下要求，在 PowerPoint 中完成制作工作：

1. 打开素材文件"PowerPoint_素材 . pptx"，将其另存为"PowerPoint. pptx"，之后所有操作均在此文件中进行。

2. 将演示文稿中的所有中文字体由"宋体"替换为"微软雅黑"。

3. 为了布局美观，将第 2 张幻灯片中的内容区域文字转换为"基本维恩图"SmartArt 布局，更改 SmartArt 的颜色，并设置该 SmartArt 样式为"强烈效果"。

4. 为上述 SmartArt 图形设置由幻灯片中心进行"缩放"的进入动画效果，并要求自上一动画之后自动、逐个展示有关产品的特性文字。

5. 为演示文稿的所有幻灯片设置不同的切换效果。

6. 将所给的声音文件"BackMusic. mid"作为该演示文稿的背景音乐，在幻灯片放映时即开始播放，至演示结束后停止。

7. 为演示文稿最后一页幻灯片右下角的图形添加指向网址"www. microsoft. com"的超链接。

8. 为演示文稿创建 3 个节，其中"开始"节包含第一张幻灯片，"更多信息"节包含最后一张幻灯片，其余幻灯片均包含在"产品特性"节中。

9. 为了实现幻灯片可以在展台自动放映，设置每张幻灯片的自动放映时间为 10 秒钟。

图 5-12 "产品宣传"演示文稿封面

4.2 任务分析

按照设计需求，小张很快就完成了任务，效果如图 5-12、图 5-13、图 5-14 所示。

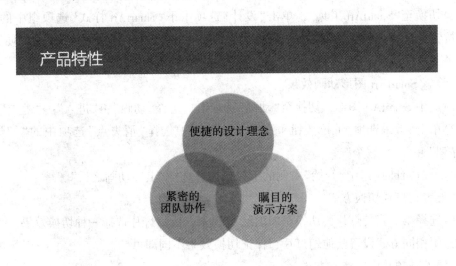

图 5-13 "产品宣传"演示文稿部分内容(一)

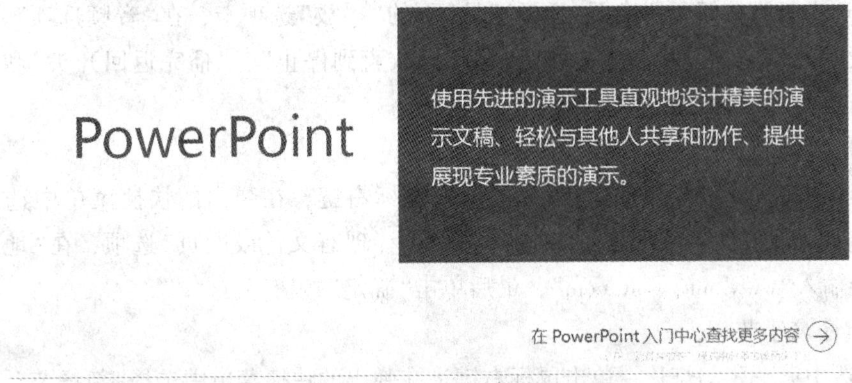

图 5-14 "产品宣传"演示文稿部分内容(二)

4.3 任务实现

1. 打开素材文件并重命名

启动 Microsoft PowerPoint 2010 软件，打开"PowerPoint_素材 .pptx"素材文件，将其另存为"PowerPoint. pptx"。

2. 修改字体

选中第一张幻灯片，按组合键 Ctrl+A 选中所有文字，切换至"开始"选项卡，将字体设置为"微软雅黑"，使用同样的方法为每张幻灯片修改字体。

3. 插入 SmartArt 图形

（1）切换到第二张幻灯片，选择内容文本框中的文字，单击"开始"选项卡下"段落"选项组中的"SmartArt 图形"按钮，在弹出的下拉列表中选择"基本维恩图"。

（2）切换至"SmartArt 工具"，单击"设计"选项卡下"SmartArt 样式"选项组中的"更改颜色"按钮，选择一种颜色，在"SmartArt 样式"选项组中选择"强烈效果"样式，使其保持美观。

4. 设置 SmartArt 图形动画效果

（1）选中 SmartArt 图形，切换至"动画"选项卡，选择"动画"→"进入"→"缩放"效果。

（2）单击"效果选项"下拉按钮，在其下拉列表中选择"消失点"选项中的"幻灯片中心""序列"并设为"逐个"。

（3）单击"计时"组中"开始"右侧的下拉按钮，选择"上一动画之后"。

5. 设置幻灯片切换方式

（1）选择第一张幻灯片，切换至"切换"选项卡，为幻灯片选择一种切换效果。

（2）用相同方式设置其他幻灯片，保证切换效果不同即可。

6. 插入音频并设置播放方式

（1）选择第一张幻灯片，单击"插入"选项卡下"媒体"选项组中的"音频"下拉按钮，在其下拉列表中选择"文件中的音频"选项，选择素材文件夹下的 BackMusic. MID 音频文件。

（2）选中音频按钮，切换至"音频工具"下的"播放"选项卡，在"音频选项"选项组中将开始设置为"跨幻灯片播放"，勾选"循环播放直到停止"、"播完返回开头"和"放映时隐藏"复选框，最后适当地调整位置。

7. 插入超链接

选择最后一张幻灯片的箭头图片，单击鼠标右键，在弹出的快捷菜单中选择"超链接"命令。在弹出的"插入超链接"对话框中选择"现有文件或网页"选项，在"地址"后的输入栏中输入"www. microsoft. com"，最后单击"确定"按钮。

8. 重命名小节

（1）选中第一张幻灯片，单击鼠标右键，在弹出的快捷菜单中选择"新增节"，这时就会出现一个无标题节，选中节名，单击鼠标右键，在弹出的快捷菜单中选择"重命名节"，将节重命名为"开始"，单击"重命名"即可。

（2）选中第二张幻灯片，单击鼠标右键，在弹出的快捷菜单中选择"新增节"命令，这时就会出现一个无标题节，选中节名，单击鼠标右键，在弹出的快捷菜单中选择"重命名节"，将节重命名为"产品特性"，单击"重命名"即可。

（3）选中第三张幻灯片，按同样的方式设置第 3 节节名为"更多信息"。

9. 设置自动换片时间

勾选"切换"选项卡"计时"选项组中"设置自动换片时间"，将自动换片时间设置为 10 秒，单击"全部应用"按钮。

任务五　日月潭风情演示文稿的制作

5.1　情境创设

小张加入了学校的旅游社团组织，正在参与暑期到台湾日月潭的夏令营活动，现在需要制作一份关于日月潭的演示文稿。小张需要参考"参考图片.docx"文件中的样例效果并根据以下要求来完成演示文稿的制作。

1. 新建一个空白演示文稿，命名为"PPT.pptx"并保存，此后的操作均基于此文件。

2. 演示文稿包含八张幻灯片，第一张版式为"标题幻灯片"，第二、第三、第五和第六张为"标题和内容版式"，第四张为"两栏内容"版式，第七张为"标题"版式，第八张为"空白"版式。每张幻灯片中的文字内容可以从素材文件夹下的"PPT_素材.docx"文中找到，参考样例效果将其置于适当的位置；对所有幻灯片应用名称为"流畅"的内置主题；将所有文字的字体统一设置为"幼圆"。

3. 在第一张幻灯片中，参考样例将"图片1.jpg"插入到合适的位置，并应用恰当的图片效果。

4. 将第二张幻灯片中标题下的文字转换为SmartArt图形，布局为"垂直曲型列表"，并应用"白色轮廓"样式，字体为幼圆。

5. 将第三张幻灯片中标题下的文字转换为表格，表格的内容参考样例文件，取消表格的标题行和镶边行样式，应用镶边列样式将表格单元格中的文本水平和垂直方向都设置为居中对齐，中文设为"幼圆"字体，英文设为"Arial"字体。

6. 在第四张幻灯片的右侧，插入素材文件夹下名为"图片2.jpg"的图片并应用"圆形对角，白色"图片样式。

7. 参考样例文件效果，调整第五和六张幻灯片标题下文本的段落间距，添加或取消相应的项目符号。

8. 在第五张幻灯片中，插入素材文件夹下的"图片3.jpg"和"图片4.jpg"，参考样例文件，将它们置于幻灯片中合适的位置；将"图片4.jpg"置于底层，并对"图片3.jpg"（游艇）应用"飞入"的进入动画效果，以便在播放到此张幻灯片时，游艇能自动从左下方进入幻灯片页面；在游艇图片上方插入"椭圆形标注"，使用短划线轮廓，并在其中输入文本"开船啰!"然后对其应用一种合适的进入动画效果，使其在游艇飞入页面后能自动出现。

9. 在第六张幻灯片的右上角，插入素材文件夹下的"图片5.gif"并将其与幻灯片侧边缘的距离设为0厘米。

10. 在第七张幻灯片中，插入素材文件夹下的"图片6.jpg"、"图片7.jpg"和"图片8.jpg"，参考样例文件，为其添加适当的图片效果并进行排列，将它们的顶端对齐，使图片之间的水平间距相等，左右两张图片到幻灯片两侧边缘的距离相等；在幻灯片右上角插入素材文件夹下的"图片9.gif"并将其顺时针旋转300度。

11. 在第八张幻灯片中，将素材文件夹下的"图片10.jpg"设为幻灯片的背景，将幻灯片的文本应用一种艺术字样式，设置文本居中对齐，字体为"幼圆"；为文本框添加白色填充色和透明效果。

5.2　任务分析

本任务中的动画效果比较多，小张耐心细致地按照设计要求，制作出了完全符合要求的演示文稿，最终效果如图 5-15、图 5-16、图 5-17 所示。

图 5-15　"日月潭风情"演示文稿封面

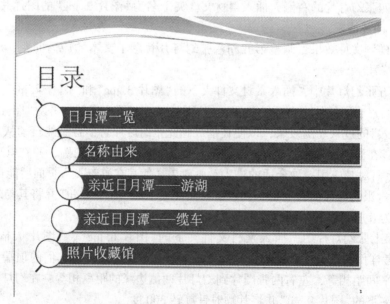

图 5-16　"日月潭风情"演示文稿目录

图 5-17 "日月潭风情"演示文稿部分内容

5.3 任务实现

1. 新建演示文稿并重命名

（1）在素材文件夹下单击鼠标右键，在弹出的快捷菜单中选择"新建"，在右侧出现的级联菜单中选择"Microsoft PowerPoint 演示文稿"。

（2）将文件名重命名为"PPT. pptx"。

2. 将素材内容引入幻灯片

（1）打开"PPT. pptx"文件。

（2）单击"开始"选项卡下"幻灯片"选项组中的"新建幻灯片"按钮，在下拉列表框中选择"标题幻灯片"。根据题目的要求，建立剩下的 7 张幻灯片(此处注意新建幻灯片的版式)。

（3）打开"PPT_素材 .docx"文件，按照素材中的顺序，依次将各张幻灯片的内容复制到 PPT. pptx 对应的幻灯片中去。

（4）选中第一张幻灯片，单击"设计"选项卡下"主题"选项组中的"样式"列表框，选择内置主题样式"流畅"。

（5）将幻灯片切换到"大纲"视图，使用组合健 Ctrl+A 全选所有内容，单击"开始"选项卡下"字体"选项组中的"字体"下拉列表框，选择"幼圆"，设置完成后切换回"幻灯片"视图。

3. 插入图片

（1）选中第 1 张幻灯片，单击"插入"选项卡下"图像"选项组中的"图片"按钮，浏览素材文件夹，选择"图片 1. jpg"文件，单击"插入"按钮。

（2）选中"图片 1. jpg"图片文件，根据"参考图片 .docx"文件的样式，适当调整图片文件的大小和位置。

(3)选择图片，打开"图片工具"，单击"格式"选项下"图片样式"选项组中的"图片效果"按钮，在下拉列表中选择"柔化边缘"，在右侧出现的"级联菜单"中选择"柔化边缘选项"，弹出的"设置图片格式"对话框，在"发光和柔化边缘"选项组中设置"柔化边缘"大小为"30 磅"。

4. 插入 SmartArt 图形

(1)选中第 2 张幻灯片下的内容文本框，单击"开始"选项卡下"段落"组中的"转换为 SmartArt"按钮，在下拉列表框中选择"其他 SmartArt"按钮，弹出的"选择 SmartArt 图形"对话框，在左侧的列表框中选择"列表"，在右侧的列表框中选择"垂直曲型列表"样式，单击"确定"按钮。

(2)打开"SmartArt 工具"，单击"设计"选项卡下"SmartArt 样式"选项组，在其中选择"白色轮廓"样式。

(3)按住 Ctrl 键的同时用鼠标依次选择 5 个列表标题文本框，单击"开始"选项卡下"字体"选项组中的"字体"下拉列表框，从列表中选择"幼圆"。

5. 插入表格并调整格式

(1)选中第 3 张幻灯片，单击"插入"选项卡下"表格"组中的"表格"按钮，在下拉列表框中使用鼠标选择 4 行 4 列的表格样式。

(2)选中表格对象，取消勾选"设计"选项卡下"表格样式"选项组中的"标题行"和"镶边行"复选框，勾选"镶边列"复选框。

(3)参考"参考图片 .docx"文件的样式，将文本框中的文字复制并粘贴到表格对应的单元格中。

(4)选中表格中的所有内容，单击"开始"选项卡下"段落"选项组中的"居中"按钮。选中表格对象，单击鼠标右键，在弹出的快捷菜单中选择"设置形状格式"按钮，在弹出的"设置形状格式"对话框左侧的列表框中选择"文本框"，在右侧的"垂直对齐方式"列表框中选择"中部对齐"，最后单击"关闭"按钮。

(5)删除幻灯片中的内容文本框并调整表格的大小和位置，使其与参考图片文件相同。

(6)选中表格中的所有内容，在"开始"选项卡下"字体"选项组中，设置"西文字体"为"Arial"，设置"中文字体"为"幼圆"，单击"确定"按钮。

6. 插入图片并调整格式

(1)选中第 4 张幻灯片，单击右侧的图片占位符按钮，弹出"插入图片"对话框，在素材文件夹下选择图片文件"图片 2.jpg"，单击"插入"按钮。

(2)选中图片文件，打开"图片工具"，单击"格式"选项卡下"图片样式"选项组，在下拉列表框中选择"圆形对角，白色"样式。

7. 调整幻灯片中的段落格式

(1)选中第 5 张幻灯片。

(2)将光标置于标题下的第一段中，单击"开始"选项卡下"段落"选项组中的"项目符号"按钮，在弹出的下拉列表中选择"无"。

（3）将光标置于第二段中，单击"开始"选项卡下"段落"选项组中的对话框启动器按钮，弹出"段落"对话框，在"缩进和间距"选项卡中将"段前"设置为"25 磅"，最后单击"确定"按钮。

（4）按照上述同样的方法调整第 6 张幻灯片。

8. 插入图片并设置图片进入方式

（1）选中第 5 张幻灯片。

（2）单击"插入"选项卡下"图像"选项组中的"图片"按钮，弹出"插入图片"对话框，浏览素材文件夹，插入图片"图片 3. jpg"。

（3）按照同样的方法，插入素材文件夹下的"图片 4. jpg"文件。

（4）选中"图片 4. jpg"文件，单击鼠标右键，在弹出快捷菜单中选择"置于底层"命令，在级联菜单中选择"置于底层"。

（5）参考样例文件来调整两张图片的位置。

（6）选中"图片 3. jpg"文件，单击"动画"选项卡下"动画"选项组中的"飞入"进入动画效果，在右侧的"效果选项"中选择"自左下部"。

（7）单击"插入"选项卡下"插图"选项组中的"形状"按钮，在下拉列表中选择"标注"选项组中的"椭圆形标注"，在图片合适的位置上按住鼠标左键不放来绘制图形。

（8）选中"椭圆形标注"图形，单击"格式"选项卡下"形状样式"选项组中的"形状填充"按钮，在下拉列表中选择"无填充颜色"。在"形状轮廓"下拉列表中选择"虚线-短划线"。

（9）选中"椭圆形标注"图形，单击鼠标右键，在弹出的快捷菜单中选择"编辑文字"，选择字体颜色为"蓝色"，在图形中输入文字"开船啰!"继续选中该图形，单击"格式"选项卡下"排列"选项组中的"旋转"按钮，在下拉列表中选择"水平翻转"。

（10）选中"椭圆形标注"图形，单击"动画"选项卡下"动画"选项组中的"浮入"进入动画效果，在"计时"选项组中将"开始"设置为"上一动画之后"。

9. 插入图片并调整格式

（1）选中第 6 张幻灯片。

（2）单击"插入"选项卡下"图像"选项组中的"图片"按钮，弹出"插入图片"对话框，浏览素材文件夹，插入图片"图片 5. gif"。

（3）选中"图片 5. gif"，单击"格式"选项卡下"排列"选项组中的"对齐"按钮，在下拉列表中选择"顶端对齐"和"右对齐"，适当调整图片的大小。

10. 插入图片并设置图片效果

（1）选中第 7 张幻灯片。

（2）单击"插入"选项卡下"图像"选项组中的"图片"按钮，弹出"插入图片"对话框，在素材文件夹下选择"图片 6. jpg"，单击"插入"按钮。

（3）按照同样的方法插入图片"图片 7. jpg"和"图片 8. jpg"。

（4）按住 Ctrl 键的同时鼠标依次单击选中三张图片，打开"图片工具"，单击"格式"选项卡下"图片样式"选项组中的"图片效果"按钮，在下拉列表中选择"映像-紧密映像，接触"。

（5）按住 Ctrl 键的同时鼠标依次单击选中三张图片，打开"图片工具"，单击"格式"选项卡下"排列"选项组中的"对齐"按钮，在下拉列表中选择"顶端对齐"和"横向分布"。

（6）选择任意一张图片，打开"图片工具"，单击"格式"选项卡下"排列"选项组中的"对齐"按钮，勾选"查看网格线"，根据出现的网格线来调整左右两张图片到幻灯片两侧边缘的距离，使间距相等。再次单击"查看网格线"，可取消网格线的显示。

（7）单击"插入"选项卡下"图像"选项组中的"图片"按钮，弹出"插入图片"对话框，在素材文件夹下选择"图片 9. gif"，单击"插入"按钮。

（8）选中"图片 9. gif"，单击"格式"选项卡下"排列"选项组中的"对齐"按钮，在下拉列表中选择"顶端对齐"和"右对齐"，单击"大小"选项组中的对话框启动器按钮，在弹出的"设置图片格式"对话框右侧的"尺寸和旋转"选项组中设置"旋转"角度为"300"，设置完成后单击"关闭"按钮。

11. 应用背景样式并制作艺术字

（1）选中第 8 张幻灯片。

（2）单击"设计"选项卡下"背景"选项组中的"背景样式"按钮，在下拉列表中选择"设置背景格式"命令，在打开的"设置背景格式"对话框右侧的"填充"选项框中选择"图片或纹理填充"，单击下面的"文件"按钮，弹出"插入图片"对话框，在素材文件夹下选择"图片 10. jpg"，单击"插入"按钮。

（3）选中幻灯片中的文本框，单击"格式"选项卡下"艺术字样式"选项组中的艺术字样式列表框，选择"填充-无，轮廓-强调文字颜色 2"样式。切换到"开始"选项卡，在"字体"选项组中设置字体为"幼圆"、字号为"48"。

（4）选中幻灯片中的文本框，在"开始"选项卡下"段落"选项组中设置对齐方式为"居中"。

（5）选中幻灯片中的文本框，单击"格式"选项卡下"形状样式"选项组中的"形状填充"按钮，在下拉列表中选择"主题颜色/白色，背景 1"；再次单击"形状填充"命令，在下拉列表中选择"其他填充颜色"，弹出"颜色"对话框，拖动"标准"选项卡下方的"透明度"滑块，使右侧的比例值显示为 50%，单击"确定"按钮。

12. 设置自动换片时间

（1）单击选中第 2 张幻灯片，按住 Shift 键，再选中第 8 张幻灯片。

（2）单击"切换"选项卡下"切换到此幻灯片"选项组中的"涟漪"。

（3）选中第 1 张幻灯片，单击"切换"选项卡下"切换到此幻灯片"选项组中的"无"。

（4）勾选"切换"选项卡下"计时"选项组中的"设置自动换片时间"，在右侧的文本框中设置换片时间为"5"秒，点击"计时"选项组中的"全部应用"按钮。

（5）选中第 1 张幻灯片，单击"设计"选项卡下"页面设置"选项组中的"页面设置"按钮，在弹出的"页面设置"对话框中将"幻灯片编号起始值"设置为 0，单击"确定"按钮。

（6）单击"插入"选项卡下"文本"选项组中的"幻灯片编号"按钮，在弹出的"页眉和页脚"对话框中勾选"幻灯片编号"和"标题幻灯片不显示"复选框，最后单击"全部应用"

按钮。

Part II 练 习 题

一、单项选择题

1. PowerPoint 2010 默认的视图方式是(　　)
   A. 大纲视图　　　　B. 幻灯片浏览视图　C. 普通视图　　　　D. 幻灯片视图

2. 在演示文稿中，给幻灯片重新设置背景后，若要让所有幻灯片都使用相同的背景，则在"背景"对话框中应单击(　　)按钮。
   A. 全部应用　　　　B. 应用　　　　　　C. 取消　　　　　　D. 重置背景

3. 创建动画幻灯片时，应选择"动画"选项卡下"动画"选项组中(　　)。
   A. 自定义动画　　　B. 动作设置　　　　C. 动作按钮　　　　D. 自定义放映

4. 在 PowerPoint 2010 中，对已做过的有限次编辑操作，以下说法正确的是(　　)
   A. 不能对已做的操作进行撤消
   B. 能对已经做的操作进行撤消，但不能恢复撤消后的操作
   C. 不能对已做的操作进行撤消，也不能恢复撤消后的操作
   D. 能对已做的操作进行撤消，也能恢复撤消后的操作

5. 放映幻灯片时，要对幻灯片的放映具有完整的控制权，应使用(　　)。
   A. 演讲者放映　　　B. 观众自行浏览　　C. 展台浏览　　　　D. 重置背景

6. 在 Powerpoint 2010 中，不属于文本占位符的是(　　)
   A. 标题　　　　　　B. 副标题　　　　　C. 普通文本　　　　D. 图表

7. 下列(　　)不属于 PowerPoint2010 创建的演示文稿的格式文件保存类型。
   A. PowerPoint 放映　　　　　　　　B. RTF 文件
   C. PowerPoint 模板　　　　　　　　D. Word 文档

8. 下列(　　)属于演示文稿的扩展名。
   A. . opx　　　　　　B. . pptx　　　　　C. . dwg　　　　　　D. . jpg

9. 在 PowerPoint 中输入文本时，按一次回车键则系统生成段落。如果是在段落中另起一行，需要按(　　)键。
   A. Ctrl+Enter　　　　　　　　　　B. Shift+Enter
   C. Ctrl+Shift+Enter　　　　　　　D. Ctrl+Shift+Del

10. 在幻灯片上常用图表(　　)。
    A. 可视化地显示文本　　　　　　　B. 直观地显示数据
    C. 说明一个进程　　　　　　　　　D. 直观地显示一个组织的结构

11. 绘制图形时，如果画一条水平垂直或者 45 度角的直线，在拖动鼠标时，需要按(　　)键。
    A. Ctrl　　　　　　B. Tab　　　　　　C. Shift　　　　　　D. F4

12. 选择全部幻灯片时，可用快捷键(　　)。
    A. Shift+A　　　　　B. Ctrl+A　　　　　C. F3　　　　　　　D. F4

13. 若计算机没有连接打印机，则 Powerpoint 2010 将(　　)。
    A. 不能进行幻灯片的放映，不能打印
    B. 按文件类型，有的能进行幻灯片的放映，有的不能进行幻灯片的放映
    C. 可以进行幻灯片的放映，不能打印
    D. 按文件大小，有的能进行幻灯片的放映，有的不能进行幻灯片的放映

14. 绘制圆时，需要按下(　　)键再拖动鼠标。
    A. Shift　　　　　　B. Ctrl　　　　　　C. F3　　　　　　D. F4

15. 选中图形对象时，如选择多个图形，需要按下(　　)键，再用鼠标单击要选中的图形。
    A. Shift　　　　　　B. ALT　　　　　　C. Tab　　　　　　D. F1

16. 如果要求幻灯片能够在无人操作的环境下自动播放，应该事先对演示文稿进行(　　)。
    A. 自动播放　　　　B. 排练计时　　　　C. 存盘　　　　　　D. 打包

17. 当在幻灯片中插入了声音以后，幻灯片中将会出现(　　)。
    A. 喇叭标记　　　　B. 一段文字说明　　C. 超链接说明　　　D. 超链接按钮

18. 对幻灯片中某对象进行动画设置时，应在(　　)对话框中进行。
    A. 计时　　　　　　B. 动画预览　　　　C. 动态标题　　　　D. 动画效果

19. 当需要将幻灯片转移至其他地方放映时，应(　　)。
    A. 将幻灯片文稿发送至磁盘
    B. 将幻灯片打包
    C. 设置幻灯片的放映效果
    D. 将幻灯片分成多个子幻灯片，以存入磁盘

20. 在 Powerpoint 2010 中，(　　)不是演示文稿的输出形式。
    A. 打印输出　　　　B. 幻灯片放映　　　C. 网页　　　　　　D. 幻灯片拷贝

21. PowerPoint 2010 将演示文稿保存为"演示文稿设计模板"时的扩展名是(　　)。
    A. . POT　　　　　　B. . PPTX　　　　　C. . PPS　　　　　　D. . PPA

22. "幻灯片版式"任务窗格中包含了(　　)类幻灯片版式。
    A. 4　　　　　　　　B. 5　　　　　　　　C. 6　　　　　　　　D. 3

23. 若要使一张图片出现在每一张幻灯片中，则需要将此图片插入到(　　)中。
    A. 幻灯片模板　　　B. 幻灯片母版　　　C. 标题幻灯片　　　D. 备注页

24. 幻灯片布局中的虚线框是(　　)。
    A. 占位符　　　　　B. 图文框　　　　　C. 文本框　　　　　D. 表格

25. 保存演示文稿的快捷键是(　　)。
    A. Ctrl+O　　　　　B. Ctrl+S　　　　　C. Ctrl+A　　　　　D. Ctrl+D

26. 在幻灯片浏览视图中要选定连续的多张幻灯片，应先选定起始的一张幻灯片，然后按(　　)键，再选定末尾的幻灯片。
    A. Ctrl　　　　　　B. Enter　　　　　　C. Alt　　　　　　　D. Shift

27. 如果让幻灯片播放后自动延续 5s 再播放下一张幻灯片，应(　　)。

A. 在"播放动画"选项中设置在前一事件后 5s 自动播放

B. 在"播放动画"选项中设置为单击鼠标时播放

C. 用 PowerPoint 的默认选项"无动画"

D. 可同时选择 A、B 两项

28. 下列叙述错误的是(　　)。

A. 幻灯片母版中添加了放映控制按钮,则所有的幻灯片上都会包含放映控制按钮

B. 在幻灯片之间不能进行跳转链接

C. 在幻灯片中也可以插入自己录制的声音文件

D. 在播放幻灯片的同时,也可以播放 CD 唱片

29. 在"自定义动画"任务窗格中为对象"添加效果"时,不包括(　　)。

A. 进入　　　　　　　B. 退出　　　　　　　C. 切换

D. 动作路径　　　　　E. 强调

30. 在 PowerPoint 中,下列有关设计模板的说法中错误的是(　　)。

A. 它是控制演示文稿统一外观的最有力、最快捷的一种方法

B. 它是通用于各种演示文稿的模型,可直接应用于用户的演示文稿

C. 用户不可以修改

D. 模板有两种:设计模板和内容模板

31. 下列说法中错误的是(　　)。

A. 将图片插入到幻灯片中后,用户可以对这些图片进行必要的操作

B. 利用"图片"工具栏中的工具可裁剪图片、添加边框和调整图片亮度及对比度

C. 选择视图菜单中的"工具栏",再从中选择"图片"命令即可显示"图片"工具栏

D. 对图片进行修改后不能再恢复原状

32. 在 PowerPoint 中,下列说法中错误的是(　　)。

A. 可以动态显示文本和对象

B. 可以更改动画对象的出现顺序

C. 图表中的元素不可以设置动画效果

D. 可以设置幻灯片切换效果

33. 在 PowerPoint 中,下列有关嵌入的说法中错误的是(　　)。

A. 嵌入的对象不链接源文件

B. 如果更新源文件,嵌入到幻灯片中的对象并不改变

C. 用户可以双击一个嵌入对象来打开对象对应的应用程序,以便于编辑和更新对象

D. 当双击嵌入对象并对其编辑完毕后,要返回到演示文稿中时,则需重新启动 PowerPoint

34. 如果要从一个幻灯片淡入到下一个幻灯片,应使用"幻灯片放映"菜单中的(　　)命令进行设置。

A. 动作按钮　　　　　B. 预设动画　　　　　C. 幻灯片切换　　　D. 自定义动画

35. 在 PowerPoint 中,下列说法中错误的是(　　)。

A. 可以将演示文稿转成 Word 文档

B. 可以将演示文稿发送到 Word 中作为大纲

C. 要将演示文稿转成 Word 文档，需选择"文件"菜单中的"发送"命令，再选择"Microsoft Word"命令

D. 要将演示文稿转成 Word 文档，需选择"编辑"菜单中的"对象"命令，再选择"Microsoft Word"命令

36. 在 PowerPoint 下，可以在(   )中用拖曳的方法改变幻灯片的顺序。

    A. 幻灯片视图　　　　　　　　　　B. 备注页视图

    C. 幻灯片浏览视图　　　　　　　　D. 幻灯片放映

37. 在 PowerPoint 中，有关自定义放映的说法中错误的是(   )。

    A. 自定义放映功能可以产生该演示文稿的多个版本，避免浪费磁盘空间

    B. 通过这个功能，不用再针对不同的听众创建多个几乎完全相同的演示文稿

    C. 用户可以在演示过程中，单击鼠标右键，指向快捷菜单上的"自定义放映"，然后可以单击所需的放映

    D. 创建自定义放映时，不能改变幻灯片的显示次序

38. 在 PowerPoint 中，有关备注母版的说法错误的是(   )。

    A. 备注的最主要功能是进一步提示某张幻灯片的内容

    B. 要进入备注母版，可以选择视图菜单的母版命令，再选择"备注母版"

    C. 备注母版的页面共有 5 个设置：页眉区、页脚区、日期区、幻灯片缩图和数字区

    D. 备注母版的下方是备注文本区，可以像在幻灯片母版中那样设置其格式

39. 在幻灯片浏览视图中不可以进行的操作是(   )。

    A. 删除幻灯片　　　　　　　　　　B. 编辑幻灯片内容

    C. 移动幻灯片　　　　　　　　　　D. 设置幻灯片的放映方式

40. 在 PowerPoint 中的浏览视图下，按住 Ctrl 并拖动某幻灯片，可以完成(   )操作。

    A. 移动幻灯片　　　B. 复制幻灯片　　　C. 删除幻灯片　　　D. 选定幻灯片

41. PowerPoint 中，有关幻灯片背景的说法错误的是(   )。

    A. 用户可以为幻灯片设置不同的颜色、阴影、图案或者纹理的背景

    B. 也可以使用图片作为幻灯片背景

    C. 可以为单张幻灯片进行背景设置

    D. 不可以同时对多张幻灯片设置背景

42. PowerPoint 中，有关选定幻灯片的说法中错误的是(   )。

    A. 在浏览视图中单击幻灯片，即可选定

    B. 如果要选定多张不连续幻灯片，在浏览视图下按 Ctrl 键并单击各张幻灯片

    C. 如果要选定多张连续幻灯片，在浏览视图下，按 Shift 键并单击最后要选定的幻灯片

    D. 在普通视图下不可以选定多张幻灯片

43. 要使幻灯片在放映时实现在不同幻灯片之间的跳转，需要为其设置(   )

    A. 超级链接　　　B. 动作按钮　　　C. 排练计时　　　D. 录制旁白

44. 在 PowerPoint 中，有关插入幻灯片的说法中错误的是(   )。

A. 选择"插入"菜单中的"新幻灯片"，在对话框中选相应的版式

B. 可以从其他演示文稿复制，再在当前演示文稿粘贴，从而插入新幻灯片

C. 在浏览视图下单击鼠标右键，选择"新幻灯片"

D. 在浏览视图下单击要插入新幻灯片的位置，按回车

45. 在 PowerPoint 中，关于在幻灯片中插入图表的说法中错误的是(　　)。

A. 可以直接通过复制和粘贴的方式将图表插入到幻灯片中

B. 需先创建一个演示文稿或打开一个已有的演示文稿，再插入图表

C. 只能通过插入包含图表的新幻灯片来插入图表

D. 双击图表占位符可以插入图表

46. 在 PowerPoint 中，关于在幻灯片中插入多媒体内容的说法中错误的是(　　)。

A. 可以插入声音(如掌声)

B. 可以插入音乐(如 CD 乐曲)

C. 可以插入影片

D. 放映时只能自动放映，不能手动放映

47. 在 PowerPoint 中，下列有关在应用程序中链接数据的说法中错误的是(　　)。

A. 可以将整个文件链接到演示文稿中

B. 可以将一个文件中的选定信息链接到演示文稿中

C. 可以将 Word 的表格链接到 Powerpoint 中

D. 若要与 Word 建立链接关系，选择 Powerpoint 的"编辑"菜单中的"粘贴"命令即可

48. 在 PowerPoint 中，要为幻灯片上的文本和对象设置动态效果，下列步骤中错误的是(　　)。

A. 在浏览视图中，单击要设置动态效果的幻灯片

B. 选择"幻灯片放映"菜单中的"自定义动画"命令，单击"顺序和时间"标签

C. 打开"自定义动画"任务窗格

D. 要设置动画效果，单击"添加效果"标签

49. 在 PowerPoint 中，要设置幻灯片切换效果，下列步骤中错误的是(　　)。

A. 选择"幻灯片放映"菜单中的"幻灯片切换"命令

B. 选择要添加切换效果的幻灯片

C. 选择编辑菜单中的"幻灯片切换"命令

D. 在效果区的列表框中选择需要的切换效果

50. 下列有关视图的说法中错误的是(　　)。

A. 可以在浏览视图中更改某张幻灯片上动画对象的出现顺序

B. 可以在普通视图中设置动态显示文本和对象

C. 可以在浏览视图中设置幻灯片切换效果

D. 可以在普通视图中设置幻灯片切换效果

二、填空题

1. 控制新幻灯片放映的 3 种方式是＿＿＿＿＿＿＿＿、观众自行浏览＿＿＿＿＿＿＿＿和＿＿＿＿＿＿＿＿。

2. 在幻灯片母版中，包括 4 个可以输入文本的占位符，它们分别为页眉区、页脚区、日期区和_____。

3. 要给幻灯片添加页眉和页脚，应单击_____选项卡下的_____选项组中的"页眉和页脚"。

4. 占位符就是幻灯片上一种带有虚线或阴影线的_____。

5. 普通视图有两种模式分别是_____和_____。

第六章　计算机网络基础

近年来，Internet 已经成为第四媒体，使得全球信息共享成为现实。电子商务、网上医疗、网络文化等构筑了一个绚丽多彩的网络世界。

本章结合泰平保险公司经常用的 Internet 应用展开，通过对网站浏览、网站文件的保存、公司文件上传下载、公司电子邮件收发等任务的讲解，引导学生熟练、高效地掌握 Internet 的应用。

Part I　实 训 指 导

任务一　公司网站的浏览

IE 8.0 浏览器的全称是 Internet Explorer 8.0，它绑定于 Windows 7 系统中，这款浏览器功能强大、使用简单，是目前最常用的浏览器之一。用户不仅可以使用它在 Internet 上浏览网页，还能够利用其内置的功能实现在网上进行信息检索和资源共享等多种操作。

1.1　情景创设

小张在泰平保险公司工作已经有一段时间，基本能独立胜任工作了。鉴于前期公司宣传的保险产品很受欢迎，公司又准备在近期针对湖北的客户宣传一批个人产品，于是安排他与另外一名同事小李搜集一些有关"个人产品"方面的资料，为此他们首先想到去公司网站上去搜索、下载一些相关的资料。

考虑到搜集到的资料类型不一样，小张在保存搜集到资料时，分别按搜集到的网页、网页中图片、网页中文档三种不同的文件类型来分类保存。

1.2　任务分析

1. 通过 IE 8.0 浏览器来浏览泰平保险公司主页，在打开的网页中搜索有关"个人产品"的相关信息。

2. 保存网页中的部分文本。首先选定该文本，然后在该文本上右击，在弹出的快捷菜单中选择"复制"命令，然后再打开文档编辑软件(记事本、Word 等)，将其粘贴并保存即可。

3. 保存当前页。通过"文件"→"保存网页"菜单命令实现。

4. 保存网页中的图片。在该图片上右击，在弹出的快捷菜单中选择"图片另存为"命令。

1.3　任务实现

1. 打开公司主页

启动 IE 浏览器，在浏览器地址栏中输入"http：//www. taiping. com"，按 Enter 键进入泰平保险公司网站，如图 6-1 所示。

图 6-1　公司主页

2. 在打开的保险公司主页中搜索有关"个人产品"的相关信息

单击主页上的"产品中心"，在下拉列表选择"个人中心"，如图 6-2 所示。

图 6-2　"产品中心"的下拉列表

打开"个人产品"页面，如图 6-3 所示。

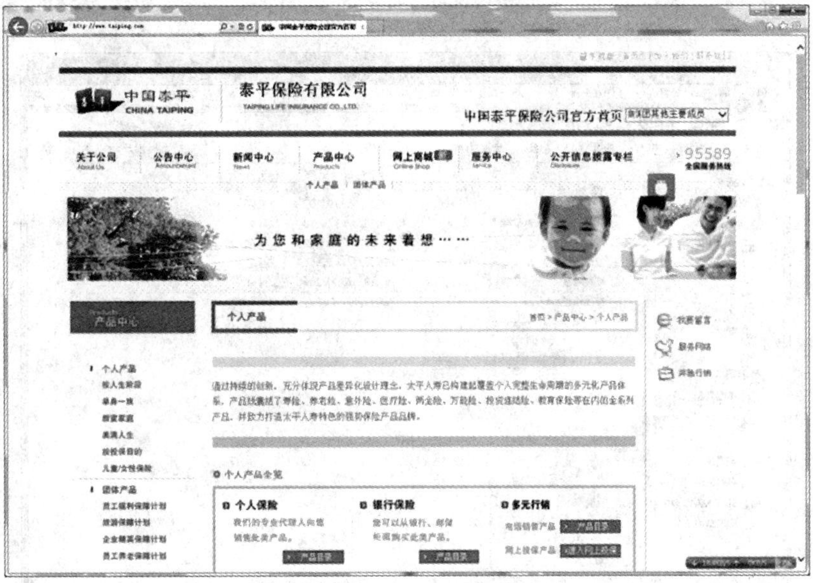

图 6-3 "个人产品"页面

3. 将在泰平保险公司主页中搜索到的有关"个人产品"网页中的第一段文字保存到本地磁盘 E 根目录下，将文件命名为"有用信息 . txt"

启动 IE 浏览器，在地址栏输入地址"http：//www. taiping. com"，按"Enter"键确认，打开网页。

在打开的网页中选中第一段文字，然后在该文本上右击，在弹出的快捷菜单中选择"复制"命令，如图 6-4 所示。

图 6-4 从快捷菜单选择"复制"

　　然后打开本地磁盘 E 盘，在右边空白任务窗格右击，在弹出的快捷菜单中选择"新建"→"文本文档"命令，将文本文档命名为"有用信息．txt"，如图 6-5 所示。

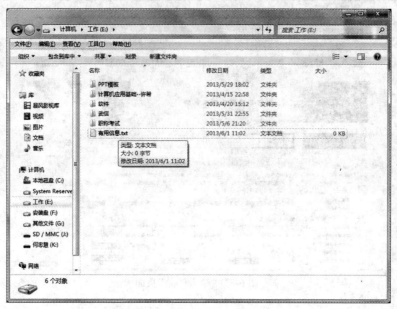

图 6-5　新建文本文件

　　打开"有用信息．txt"，执行"编辑"→"粘贴"命令，即可完成文本的复制与粘贴，如图 6-6 所示。

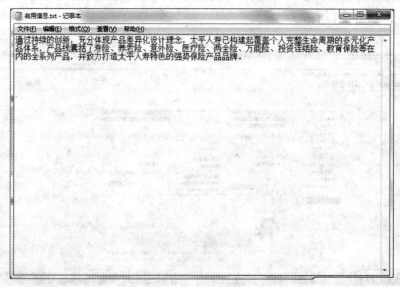

图 6-6　复制文档

关闭"有用信息.txt"窗口时，会弹出如图 6-7 所示的提示框，单击"保存"按钮，完成文件的保存。

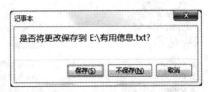

图 6-7 保存提示框

4. 将搜索到的有关"个人产品"的网页保存到"我的文档"文件夹中，将文件命名为"个人产品网页.html"

打开 IE 浏览器，在地址栏输入网页地址"http：//www. taiping. com"，按"Enter"键确认，打开网页。

在网页的菜单栏上单击"文件"选项，在弹出的菜单中选择"保存网页"命令，如图 6-8 所示。

文件(F) 查看(V) 收藏(B) 工具(T)	
新建小号浏览窗口	
新建无痕浏览窗口	
新建隔离模式窗口	
打印…	Ctrl+P
打印预览…	
打印设置…	
保存网页…	Ctrl+S
保存为图片…	Ctrl+M
发送到桌面快捷方式	
退出窗口	

图 6-8 在"文件"菜单下选择"保存网页"菜单命令

在打开的"保存网页"对话框中选择保存位置为"我的文档"，在"文件名"后面的文本框中输入"个人产品.html"，保存类型选择"网页，仅 HTML（ ∗.htm； ∗.html）"，如图 6-9 所示，最后单击"保存"按钮，完成网页保存。

5. 将有关"个人产品"网页中的图片以"001.jpg"为文件名保存到"本地磁盘 C 盘"根目录下

在上面已经打开的网页中找到要保存网页中的图片，在该图片上右击，在弹出的快捷菜单中选择"图片另存为"命令，打开"保存图片"对话框，如图 6-10 所示。

在该对话框中设置图片的保存位置和保存名称，然后单击"保存"按钮，即可将图片保存到本地磁盘 C 盘中。

图 6-9 "保存网页"对话框

图 6-10 保存图片对话框

1.4 课后练习

1. 利用百度搜索引擎，搜索"新华网"，浏览自己感兴趣的图文新闻。

2. 将打开网页中的图片以"001.jpg、002.jpg……"为文件名保存到桌面。

3. 将当前页以"a2.txt"为文件名，保存到"我的文档"。

4. 某网站的主页地址是 www. souhu. com，打开此主页，浏览该页内容，然后将该网页以文本格式保存到"本地磁盘 C"并命名为"me. txt"。

任务二 电子邮件的收发

在日常交流和商务活动中，人们越来越多地使用电子邮件来交换信息。电子邮件具有快速、便捷、价廉的优点，已经成为 Internet 中应用最广泛的服务之一。

Outlook 2010 是 Microsoft office 2010 套装软件的组件之一，它对 Outlook 2007 的功能进行了扩充。Outlook 的功能很多，可以用它来收发电子邮件、管理联系人信息、记日记、安排日程、分配任务，等等。Microsoft Outlook 2010 提供了一些新特性和功能，可以帮助用户与他人保持联系并更好地管理时间和信息。

2.1 情景创设

小李在搜集"个人产品"相关信息的过程中，需要经常与同事小张进行交流，他们选择通过 Outlook Express(简称 OE) 来收发电子邮件。

假设小李的电子邮箱地址为 xwyu@ set. net，同事小张的电子邮箱地址为 hbyu@ set. net，小李在发送邮件时将位于"本地磁盘 E"的"有用信息 . txt"作为附件一同发出，同事小张在收到小李的邮件后立刻给小李回复了修改建议，最后小李又回复了一份收到修改建议并表示感谢的邮件。

2.2 任务分析

启动 OE 客户端的方法有三种。

1. 单击"开始"→"所有程序"→"Outlook Express"，即可启动 OE 客户端。

2. 在任务栏的"快速启动"工具栏中，单击 OE 客户端的快捷方式图标来启动 OE 客户端。

3. 双击桌面上的 OE 图标来启动 OE 客户端。

启动 OE 客户端后，单击"新建"选项组中的"新建电子邮件"按钮可以准备新电子邮件。单击"响应"选项组中的"答复"按钮可以回复邮件。

2.3 任务实现

1. 给邮箱地址为 hbyu@ set. net 的同事发送一份主题为"个人产品相关信息"，内容为"这是公司个人产品的相关信息，请查看后提出修改建议！"的电子邮件，同时插入"本地磁盘 E"中的"有用信息 . txt"作为附件

启动 OE 客户端，单击"开始"选项卡下"新建"选项组中的"新建电子邮件"按钮，打开"未命名—邮件"窗口，如图 6-11 所示。

在该窗口中"收件人"项后面输入收件人地址"hbyu@ set. net"、"主题"项后面的文本框中输入"个人产品相关信息"。内容区域输入"这是公司个人产品的相关信息，请查看后提出修改建议！"如图 6-12 所示。

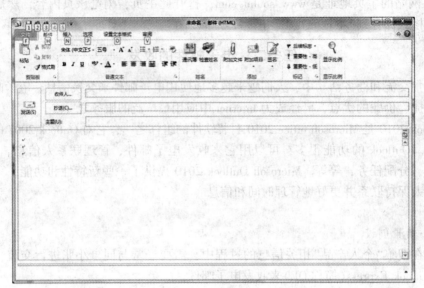

图 6-11　新邮件窗口

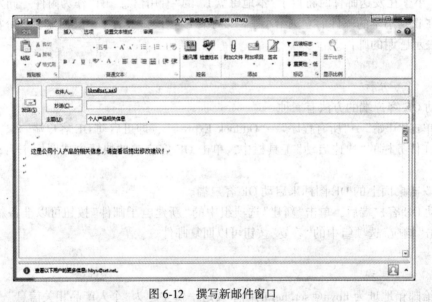

图 6-12　撰写新邮件窗口

单击"添加"选项组中的"附加文件"按钮，在打开的"插入文件"对话框中选择"E 盘"中的"有用信息.txt"，然后单击"插入"按钮，如图 6-13 所示。成功插入附件后的邮件撰写界面如图 6-14 所示。设置好之后单击"发送"，即可完成电子邮件的发送。

2. 小李接收并查看了同事小张给他的修改建议，然后回复了一份感谢邮件

启动 OE 客户端，在左边窗格中选择收件箱，如图 6-15 所示。

图 6-13 "插入文件"窗口

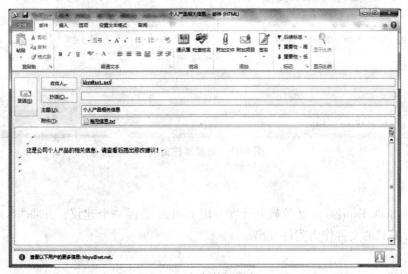

图 6-14 新邮件撰写窗口

图 6-15 OE 的工作界面

找到同事小张发来的有关修改建议的邮件，双击邮件标题，即可查看该邮件中的内容。随后单击"响应"选项组中的"答复"按钮，在打开的回复窗口中输入要回复的内容"非常感谢你的修改建议！"然后单击"发送"按钮即可，如图6-16所示。

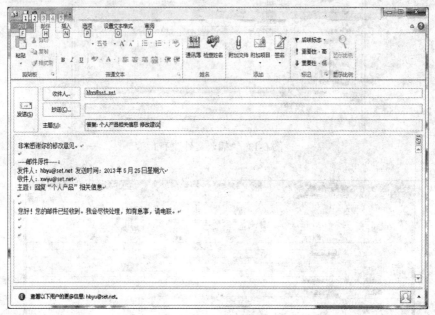

图6-16 回复邮件窗口

2.4 课后练习

使用 Outlook Express 向学校教务处发一份 E-Mail 来提一个建议，并将"本地磁盘 D"中名为"a2.doc"的文件作为附件发出。

具体内容如下：

"收件人"：ncre@jw.bjdx.exe

"抄送"

"主题"：建议

"邮件内容"："教务处负责的同志：实验楼的东西经常丢失，影响正常使用。建议加强管理。"

任务三 公司 FTP 客户端的使用

FTP 服务器是提供文件上传、下载服务的以 FTP 协议访问的站点。访问 FTP 服务器可用专门的 FTP 工具，如 Cuteftp 等，但通常可用系统自带的 FTP 功能。

3.1 情景创设

小李在搜集"个人产品"相关信息的过程中除了与小张通过邮件交流信息，和公司其他同事之间也需要经常交流，为此他们决定把一些相关文件存放公司内部的一个 FTP 上，以便相互共享资料、交换意见。

现在，小李想在 FTP 服务器中创建一个"个人产品资料(小李)"的文件夹，将之前自己搜集到的有关图片、网页、文本放到该文件夹中，然后由公司其他同事登录 FTP 服务器并下载名为"个人产品资料(小李)"的文件夹。

3.2 任务分析

访问 FTP 服务器必须先登录，再进行操作。登录成功后，要上传文件到 FTP 可以通过复制、粘贴的方法来实现，同样也可以通过复制、粘贴的方法从 FTP 服务器上下载文件。

3.3 任务实现

1. 在 FTP 服务器中创建文件夹"个人产品资料(小李)"，并上传相关资料

启动 IE 浏览器，在地址栏输入保险公司内部 FTP 地址："Ftp：//192.168.0.1"，按回车键打开该 FTP 站点。接着输入用户名和密码：用户名为"1"、密码为空，如图 6-17 所示。

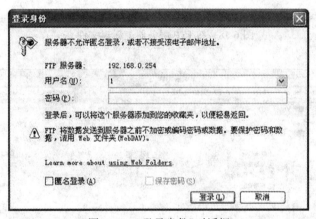

图 6-17 "登录身份"对话框

登录成功后，可以看到该 FTP 服务器上已经存在的文件和文件夹。

在 FTP 服务器窗口的空白区域单击鼠标右键，在弹出的快捷菜单中选择"文件"→"新建"→"文件夹"命令，创建一个新文件夹并命名为"个人产品资料(小李)"，如图 6-18 所示。

打开名为"个人产品资料(小李)"的文件夹，复制需要上传的文件并粘贴到该文件夹中，即完成了文件的上传，如图 6-19 所示。

2. 从 FTP 服务器上下载文件夹"个人产品资料"。

参照前面的方法登录 FTP 服务器，登录成功后，选定文件夹"个人产品资料(小李)"。右击该文件夹，在弹出的快捷菜单中选择"复制"命令。在本机中选择保存文件夹的位置，如桌面，粘贴该文件夹，即可完成 FTP 服务器中文件的下载，如图 6-20 所示。

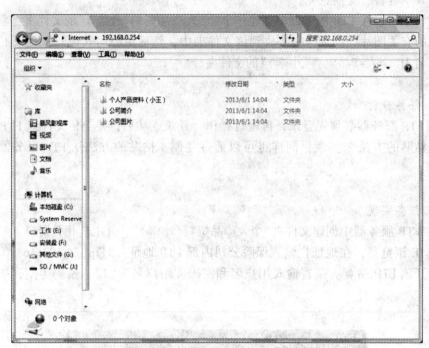

图 6-18 在 FTP 服务器上新建文件夹

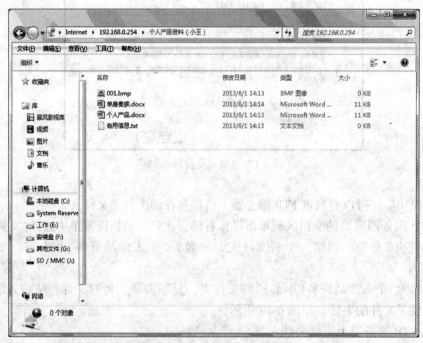

图 6-19 上传资料到 FTP 服务器

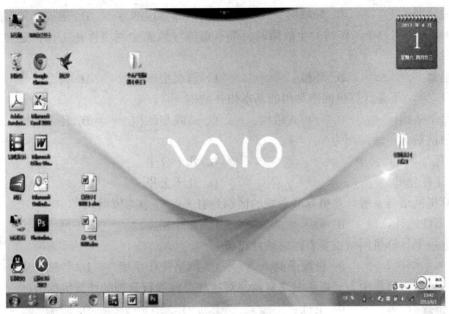

图 6-20　"个人产品资料"成功下载

3.4　课后练习

　　登录 FTP 服务器 Ftp：//192.168.0.1，选择其中的任意一个文件或者文件夹，将它下载到"本地磁盘 E"中。

Part II　练 习 题

一、单项选择题

1. 计算机网络最显著的特征是(　　)。

　　A. 运算速度快　　　　　B. 运算精度高　　　　　C. 存储容量大　　　　D. 资源共享

2. 以下不是计算机网络的主要功能的是(　　)。

　　A. 信息交换　　　　　　B. 资源共享　　　　　　C. 分布式处理　　　　D. 并发性

3. 下列操作系统中不是 NOS(网络操作系统)的是(　　)。

　　A. DOS　　　　　　　　B. Netware　　　　　　C. Windows NT　　　　D. Linux

4. 按照网络分布和覆盖的地理范围，可将计算机网络分为(　　)。

　　A. 局域网和互联网　　　　　　　　　　　　B. 广域网和局域网

　　C. 广域网和互联网　　　　　　　　　　　　D. Internet 网和城域网

5. LAN 是(　　)英文的缩写。

　　A. 城域网　　　　　　　B. 网络操作系统　　　　C. 局域网　　　　　　D. 广域网

6. 在一个计算机房内要实现所有的计算机联网，一般应选择(　　)。

　　A. GAN　　　　　　　　B. MAN　　　　　　　　C. WAN　　　　　　　D. LAN

7. 一个学校组建的计算机网络属于(　　)。

A. 城域网　　　　　　B. 局域网　　　　　C. 内部管理网　　　D. 学校公共信息网

8. 当网络中任何一个工作站发生故障时，都有可能导致整个网络停止工作，这种网络的拓扑结构为(　　)。

A. 星型　　　　　　　B. 环型　　　　　　C. 总线型　　　　　D. 树型

9. 以下(　　)不是计算机网络常用的基本拓扑结构。

A. 星型结构　　　　　B. 分布式结构　　　C. 总线型结构　　　D. 环型结构

10. 局域网最大传输距离为(　　)。

A. 几百米~几公里　　　　　　　　　　B. 几十公里

C. 几百公里　　　　　　　　　　　　　D. 几千公里

11. 计算机网络与一般计算机互联系统的区别是有无(　　)为依据。

A. 高性能计算机　　　B. 网卡　　　　　　C. 光缆相连　　　　D. 网络协议

12. 建立一个计算机网络需要有网络硬件设备和(　　)。

A. 体系结构　　　　　B. 资源子网　　　　C. 网络操作系统　　D. 传输介质

13. 在局域网中以集中方式提供共享资源并对这些资源进行管理的计算机称为(　　)。

A. 服务器　　　　　　B. 主机　　　　　　C. 工作站　　　　　D. 终端

14. 计算机网络的通信传输介质中速度最快的是(　　)。

A. 同轴电缆　　　　　B. 光缆　　　　　　C. 双绞线　　　　　D. 铜质电缆

15. TCP 协议的主要功能是(　　)。

A. 数据转换　　　　　B. 分配 IP 地址　　C. 路由控制　　　　D. 分组及差错控制

16. 国际标准化组织提出的七层网络模型被称为开放系统互连参考模型(　　)

A. OSI　　　　　　　B. ISO　　　　　　C. OSI/RM　　　　　D. TCP/IP

17. 为了指导计算机网络的互联、互通和互操作，ISO 颁布了 OSI 参考模型，其基本结构分为(　　)。

A. 6 层　　　　　　　B. 5 层　　　　　　C. 7 层　　　　　　D. 4 层

18. 下列四项中，不属于 OSI 开放系统互联参考模型 7 个层次的是(　　)。

A. 会话层　　　　　　B. 数据链路层　　　C. 用户层　　　　　D. 应用层

19. 在开放系统互连参考模型(OSI)中，网络层的下层是(　　)。

A. 物理层　　　　　　B. 网络层　　　　　C. 传输层　　　　　D. 数据链路层

20. 目前，局域网的传输介质(媒体)主要是同轴电线、双绞线和(　　)。

A. 通信卫星　　　　　B. 公共数据网　　　C. 电话线　　　　　D. 光纤

21. 目前，在(　　)的迅猛发展下，世界信息化进程加快。

A. Internet　　　　　B. Nowell　　　　　C. Windows NT　　　D. ISDN

22. http 是一种(　　)。

A. 高级程序设计语言　　　　　　　　　B. 域名

C. 超文本传输协议　　　　　　　　　　D. 网址

23. ISDN 的含义是(　　)。

A. 计算机网　　　　　　　　　　　　　B. 广播电视网

C. 综合业务数字网　　　　　　　　　　D. 同轴电缆网

24. Modem 的作用是(　　　)。
    A. 实现计算机的远程联网　　　　　　B. 在计算机之间传送二进制信号
    C. 实现数字信号与模拟信号的转换　　D. 提高计算机之间的通信速度

25. 在数据通信过程中,将模拟信号还原成数字信号的过程称为(　　　)。
    A. 调制　　　　B. 解调　　　　C. 流量控制　　　　D. 差错控制

26. 下列叙述中正确的是(　　　)。
    A. 将数字信号变换成便于在模拟通信线路中传输的信号称为调制
    B. 以原封不动的形式将来自终端的信息放入通信线路称为调制解调
    C. 在计算机网络中,一种传输介质不能传送多路信号
    D. 在计算机局域网中,只能共享软件资源,而不能共享硬件资源

27. 网络中使用的设备 Hub 指(　　　)。
    A. 网卡　　　　B. 中继器　　　　C. 集线器　　　　D. 电缆线

28. 在计算机网络中,(　　　)主要用来将不同类型的网络连接起来。
    A. 集线器　　　　B. 路由器　　　　C. 中继器　　　　D. 网卡

29. 网卡的主要功能不包括(　　　)。
    A. 网络互联　　　　　　　　　　　　B. 将计算机连接到通信介质上
    C. 实现数据传输　　　　　　　　　　D. 进行电信号匹配

30. 进行网络互联,当总线网的网段已超过最大距离时,可用(　　　)来延伸。
    A. 路由器　　　　B. 中继器　　　　C. 网桥　　　　D. 网关

31. 互联网所提供的主要应用功能有电子邮件、WWW 浏览、远程登录及(　　　)。
    A. 文件传输　　　　B. 协议转换　　　　C. 磁盘检索　　　　D. 电子图书馆

32. 网络中的任何一台计算机必须有一个地址,而且(　　　)。
    A. 不同网络中的两台计算机的地址允许重复
    B. 同一个网络中的两台计算机的地址不允许重复
    C. 同一网络中的两台计算机的地址允许重复
    D. 两台不在同一城市的计算机的地址允许重复

33. 一个用户想使用电子信函(电子邮件)功能,应当(　　　)。
    A. 向附近的一个邮局申请,办理并建立一个自己专用的信箱
    B. 把自己的计算机通过网络与附近的一个邮局连起来
    C. 通过电话得到一个电子邮局的服务支持
    D. 使自己的计算机通过网络得到网上一个 E-mail 服务器的服务支持

34. 文件传输和远程登录都是互联网上的主要功能之一,它们都需要双方计算机之间建立
    起通信联系,两者的区别是(　　　)。
    A. 文件传输只能传输计算机上已存在的文件,远程登录则还可以直接在登录的主机
       上进行建目录、建文件、删文件等其他操作
    B. 文件传输只能传递文件,远程登录则不能传递文件
    C. 文件传输不必经过对方计算机的验证许可,远程登录则必须经过对方计算机的验
       证许可

193

D. 文件传输只能传输字符文件，不能传输图像、声音文件；而远程登录则可以

35. 目前比较流行的网络编程语言是(　　)。

　　A. Java　　　　　　　B. FoxPro　　　　　C. Pascal　　　　　D. C

36. 信息高速公路的基本特征是(　　)、交互和广域。

　　A. 方便　　　　　　　B. 灵活　　　　　　C. 直观　　　　　　D. 高速

37. 以下(　　)不是顶级类型域名。

　　A. net　　　　　　　B. edu　　　　　　　C. WWW　　　　　　D. stor

38. URL 的组成格式为(　　)。

　　A. 资源类型、存放资源的主机域名和资源文件名

　　B. 资源类型、资源文件名和存放资源的主机域名

　　C. 主机域名、资源类型、资源文件名

　　D. 资源文件名、主机域名、资源类型

39. 以下有关邮件账号设置的说法中正确的是(　　)。

　　A. 接收邮件服务器使用的邮件协议名，一般采用 POP3 协议

　　B. 接收邮件服务器域名或 IP 地址，应填入用户的电子邮件地址

　　C. 发送邮件服务器域名或 IP 地址必须与接收邮件服务器相同

　　D. 发送邮件服务器域名或 IP 地址必须选择一个其他的服务器地址

40. 在 Internet Explorer 中打开网站和网页的方法不可以的是(　　)。

　　A. 利用地址栏　　　B. 利用浏览器栏　　C. 利用链接栏　　　D. 利用标题栏

41. 互联网上的服务都是基于一种协议，远程登录是基于(　　)协议。

　　A. SMTP　　　　　　B. TELNET　　　　　C. HTTP　　　　　　D. FTP

42. 当前(　　)已成为最大的信息中心。

　　A. Intranet　　　　　B. Internet　　　　　C. Nowell　　　　　D. NT

43. 接入 Internet 的计算机必须共同遵守(　　)。

　　A. CPI/IP 协议　　　B. PCT/IP 协议　　　C. PTC/IP　　　　　D. TCP/IP 协议

44. Internet 上计算机的名字由许多域构成，域间用(　　)分隔。

　　A. 小圆点　　　　　　B. 逗号　　　　　　C. 分号　　　　　　D. 冒号

45. 电子邮件是(　　)。

　　A. 网络信息检索服务

　　B. 通过 Web 网页发布的公告信息

　　C. 通过网络实时交互的信息传递方式

　　D. 一种利用网络交换信息的非交互式服务

46. 收到一封邮件，再把它寄给别人，一般可以用(　　)。

　　A. 答复　　　　　　　B. 转寄　　　　　　C. 编辑　　　　　　D. 发送

47. 电子邮件使用的传输协议是(　　)。

　　A. SMTP　　　　　　B. TELNET　　　　　C. HTTP　　　　　　D. FTP

48. 电子信箱地址的格式是(　　)。

　　A. 用户名@主机域名　　　　　　　　　B. 主机名@用户名

C. 用户名．主机域名   D. 主机域名．用户名

49. 从网址 www.xtpu.edu.cn 可以看出它是中国的一个(　　　)站点。

    A. 商业部门   B. 政府部门   C. 教育部门   D. 科技部门

50. WWW 的作用是(　　　)。

    A. 信息浏览   B. 文件传输   C. 收发电子邮件   D. 远程登录

51. 某用户在域名为 hnie.edu.cn 的邮件服务器上申请了一个账号，账号名为 huang，则该用户的电子邮件地址是(　　　)。

    A. wuyouschool.edu.cn@ huang

    B. huang@ hnie.edu.cn

    C. huang%huie.edu.cn

    D. hnie.edu.cn%huang

52. URL 的作用是(　　　)。

    A. 定位主机的地址   B. 定位网页的地址

    C. 域名与 IP 地址的转换   D. 表示电子邮件的地址

53. 域名与 IP 地址的关系是(　　　)。

    A. 一个域名对应多个 IP 地址   B. 一个 IP 地址对应多个域名

    C. 域名与 IP 地址没有关系   D. 一一对应

54. 在 Internet 中，IP 地址由两部分组成，它们是(　　　)。

    A. 用户账号和主机号   B. 网络号和主机号

    C. 域名和国家代码   D. 源地址和目的地址

55. 域名系统 DNS 的作用是(　　　)。

    A. 存放主机域名   B. 存放 IP 地址

    C. 存放邮件的地址表   D. 将域名转换成 IP 地址

56. Internet 网站域名地址中的 gov 表示(　　　)。

    A. 政府部门   B. 商业部门   C. 网络服务器   D. 一般用户

57. 使用浏览器访问 Internet 上的 Web 站点时，看到的第一个页面叫作(　　　)。

    A. 主页   B. Web 页   C. 文件   D. 图像

58. 在 Internet 网中，IP 地址由(　　　)位二进制数组成。

    A. 16   B. 24   C. 32   D. 64

59. 匿名 FTP 服务的含义是(　　　)。

    A. 在 Internet 上没有地址的 FTP 服务

    B. 允许没有账号的用户登录到 FTP 服务器

    C. 发送一封匿名信

    D. 可以不受限制地使用 FTP 服务器上的资源

60. 当你从 Internet 获取邮件时，你的电子信箱是设在(　　　)。

    A. 你的计算机上   B. 发信给你的计算机上

    C. 你的 ISP 的服务器上   D. 根本不存在电子信箱

二、多项选择题

1. 以下的电子邮件地址正确的有(　　)。

    A. (：p、@ 163. com
    B. q_pq_p@ 163. com

    C. oOoOo@ 163. com
    D. wang1@ e21. edu. cn

    E. wang_1@ public. wh. hb. cn
    F. wang1@ 2007-9-9. net

2. 以下关于 Internet 互联网的说法中正确的是(　　)。

    A. Internet 具有网络资源共享的特点

    B. 在中国称为互联网

    C. Internet 即国际互联网

    D. Internet 是局域网的一种

3. 在下列叙述中，(　　)是正确的。

    A. "黑客"是指黑色的病毒
    B. 计算机病毒是程序

    C. CIH 是一种病毒
    D. 防火墙是一种被动防卫技术

4. 下列描述中正确的是(　　)。

    A. 计算机犯罪是一种高技能、高智能和专业性强的犯罪

    B. 计算机犯罪的罪犯大部分是系统内部的白领阶层

    C. 计算机犯罪较易发现和侦破

    D. 计算机犯罪具有合谋性和罪犯的年轻化特点

5. 计算机系统安全包括(　　)。

    A. 保密性和完整性
    B. 可用性和可靠性

    C. 抗抵赖性
    D. 确定性

6. 访问控制技术包括(　　)。

    A. 自主访问控制
    B. 强制访问控制

    C. 基于角色访问控制
    D. 信息流控制

7. (　　)属于计算机病毒的特征。

    A. 传染性和隐蔽性
    B. 侵略性和破坏性

    C. 潜伏性和自灭性
    D. 破坏性和传染性

8. 利用浏览器查看 web 页面时，须输入网址，以下网址中正确的是(　　)。

    A. www. cei. gov. cn
    B. http：//www. cei. com. cn

    C. http：//www. cei. gov. cn
    D. http：@ . cei. gov. cn

9. 下面四种答案中，哪几种不属于网络操作系统(　　)。

    A. DOS 操作系统
    B. Windows98 操作系统

    C. Windows NT 操作系统
    D. 数据库操作系统

10. 有关域名和 IP 地址之间的关系的说法，不正确的是(　　)。

    A. 一个域名对应多个 IP 地址
    B. 一一对应

    C. 域名与 IP 地址没有关系
    D. 一个 IP 地址对应多个域名

三、填空题

1. 计算机网络是指在＿＿＿＿＿＿控制下，通过＿＿＿＿＿＿互连的＿＿＿＿＿＿的计

算机系统之集合。

2. 计算机网络的拓扑结构主要有 _____、_____、_____、_____、_____等五种。

3. 从计算机网络系统组成的角度看，计算机网络可以分为 _____ 子网和 _____子网。

4. OSI 参考模型共分 7 个层次，自下而上分别是 _____、_____、_____、_____、_____、_____和_____。

5. 在计算机网络中，协议就是为实现网络中的数据交换而建立的_____。协议的三要素为：_____、_____和_____。

6. 我国的顶级的域名是_____。

7. 计算机网络按作用范围(距离)可分为_____、_____和_____。

8. IP 地址分_____和_____两部分。

9. 计算机网络是计算机技术与_____结合的产物。

10. www. sina. com. cn 不是 IP 地址，而是_____。

11. 用户要想在网上查询 WWW 信息，必须安装并运行一个被称为_____的软件。

12. 网络协议是一套关于信息传输顺序，_____和信息内容等的约定。

13. 中文 Windows 中自带的浏览器是_____。

14. 在计算机网络术语中，WAN 的中文意义是_____。

15. 路由选择是 OSI 模型中_____层的主要功能。

16. 根据 Internet 的域名代码规定，域名中的 . com 表示_____机构网站，. gov 表示_____机构网站，. edu 代表_____机构网站。

参考答案

第一章　计算机基础知识

一、单项选择题

1	2	3	4	5	6	7	8	9	10
C	B	B	B	D	D	B	D	B	D
11	12	13	14	15	16	17	18	19	20
B	B	A	B	D	C	B	B	A	B
21	22	23	24	25	26	27	28	29	30
B	A	A	B	B	D	D	D	C	B
31	32	33	34	35	36	37	38	39	40
A	D	C	C	B	A	C	B	B	B
41	42	43	44	45	46	47	48	49	50
A	C	B	A	C	D	A	C	C	A
51	52	53	54	55	56	57	58	59	60
D	C	A	A	C	A	B	C	A	A
61	62	63	64	65	66	67	68	69	70
A	D	B	C	B	B	C	D	A	C
71	72	73	74	75	76	77			
C	A	A	D	C	D	D			

二、多项选择题

1	2	3	4	5	6	7	8	9	10
AD	ABCD	ABCD	BE	BD	BCD	AC	ABCD	ABC	BC
11	12	13	14						
AB	AB	ABC	BCD						

三、填空题

1. CAM；2. 资源共享；3. 文件管理；4. 传染性；5. 记录型；6. 数字信号处理器；7. 机器语言；8. 字长；9. 系统资源、信息资源；10. 操作系统、语言处理程序、数据库管理程序、服务程序；11. 位(bit)；12. 应用；13. 指令系统；14. 机器语言；15. 控制器；16. 工作站；17. 巨型化；18. H；19. 击打式；20. 震动；21. 银河；22. ASCII 码；23. 编译、解释、机器语言；24. 256；25. 高速缓存

第二章　Windows 7 操作系统

一、单项选择题

1	2	3	4	5	6	7	8	9	10
A	B	A	B	A	D	A	C	C	A
11	12	13	14	15	16	17	18	19	20
C	D	C	A	B	D	A	A	A	B
21	22	23	24	25	26	27	28	29	30
A	B	A	C	D	A	C	C	C	C
31	32	33	34	35	36	37	38	39	40
A	D	D	D	C	B	D	B	C	B
41	42	43	44	45	46	47	48	49	
B	C	B	D	D	B	A	B	A	

二、多项选择题

1	2	3	4	5	6	7	8	9	10
ABCD	ABCD	ABCD	ACD	BC	ABCD	AC	ABCD	BC	ABC
11	12	13	14	15	16	17	18	19	20
AD	ABCD	AB	AC	ACDEF	ACD	BE	ABCDE	AD	BCD
21	22	23	24	25					
ABD	ACD	ABC	ABCD	ABC					

三、填空题

1. 1G；2. 文档；3. 微软；4. NTFS；5. 复制；6. 16G；7. 剪切；8. 粘贴；9. 处理文本文件；10. 文本、图像、应用程序、用户文件；11. 优盘、硬盘；12. 通配符；13. 写字板

第三章　Word 2010 办公文档处理

一、单项选择题

1	2	3	4	5	6	7	8	9	10
B	A	B	B	C	B	C	D	B	B
11	12	13	14	15	16	17	18	19	20
B	C	D	C	B	D	A	B	C	B
21	22	23	24	25	26	27	28	29	30
C	D	B	A	A	B	D	D	A	C
31	32	33	34	35	36	37	38	39	40
B	B	A	C	D	D	D	D	B	A
41	42	43	44	45	46	47	48	49	50
D	C	A	C	B	C	B	C	D	C
51	52	53	54	55	56	57	58	59	60
A	C	D	B	A	C	B	B	B	C
61	62	63	64	65	66	67	68	69	70
D	B	B	A	A	B	B	C	B	A
71	72	73	74	75	76	77	78	79	80
D	A	C	B	C	B	C	B	B	A
81	82	83	84	85	86	87	88		
B	C	D	C	D	A	A	C		

二、多项选择题

1	2	3	4	5	6	7	8	9
ACD	ABD	ABD	ABCD	ABD	ABC	ABCD	ABC	AB

三、填空题

1. "文档1"；2. 双；3. Ctrl+Home；4. Ctrl+N；5. Ctrl；6. 三击；7. 段落；8. 替换；9. docx；10. 插入、改写；11. Enter 键；12. 标尺；13. 页面视图；14. Ctrl；15. SUM（LEFT）；16. Ctrl+A；17. 斜体；18. 变为粗体；19. 变为斜体；20. 剪切；21. Shift；22. 粘贴；23. 屏幕截图；24. Ctrl+C；25. 页面布局；26. SmartArt；27. 段落；28. 撤

消；29. 改写方式；30. 开始

第四章　Excel 2010 办公电子报表处理

一、单项选择题

1	2	3	4	5	6	7	8	9	10
A	D	B	D	B	A	B	B	C	D
11	12	13	14	15	16	17	18	19	20
A	B	D	B	B	B	A	C	D	D
21	22	23	24	25	26	27	28	29	30
D	B	B	A	D	D	D	D	A	D
31	32	33	34	35	36	37	38	39	40
B	B	C	D	A	D	B	D	C	C
41	42	43	44	45	46	47	48	49	50
C	B	C	C	B	A	B	A	B	C
51	52	53	54	55	56	57	58	59	60
D	C	C	D	B	A	D	A	C	C
61	62	63	64	65	66	67	68	69	70
D	A	D	B	B	A	D	D	D	D
71	72	73	74	75	76	77	78	79	80
A	C	A	A	C	C	C	D	D	C
81	82	83	84	85	86	87	88	89	90
A	B	B	C	A	D	B	C	C	A
91	92	93	94						
A	D	C	A						

二、多项选择题

1	2	3	4	5	6	7	8	9	10
AC	ABD	ABCD	ABC	ABC	ACD	ABC	BDE	ABD	ABC

三、填空题

1. 工作簿；2. 单元格；3. 32000；4. 有简单规律性的；5. 编辑；6. 重命名；7. 半角冒

号；8. Ctrl；9. 单击工作表左上角的全选按钮；10. 1；11. 工作表标签；12. 操作按钮；13. 左对齐、右对齐、居中；14. 023.79；15. 取消按钮、输入按钮、插入函数按钮；16. 没影响；17. 纵向、横向；18. 工作表；19. 左上角；20. Ctrl + PageUp、Ctrl + PageDown；21. Ctrl+Z；22. 不是；23. $A $1+$A $4+$B $4；24. .xlsx；25. 视图

第五章　PowerPoint 2010 办公演示文稿处理

一、单项选择题

1	2	3	4	5	6	7	8	9	10
C	A	A	D	A	D	B	B	B	B
11	12	13	14	15	16	17	18	19	20
C	B	C	A	A	B	A	B	B	D
21	22	23	24	25	26	27	28	29	30
A	A	B	A	B	D	A	B	C	C
31	32	33	34	35	36	37	38	39	40
D	C	D	C	D	C	D	C	B	B
41	42	43	44	45	46	47	48	49	50
C	C	B	D	C	D	D	D	C	A

二、填空题

1. 演讲者放映、在站台上浏览；2. 页码区；3. 插入、文本；4. 矩形框；5. 大纲模式、幻灯片模式

第六章　计算机网络基础

一、单项选择题

1	2	3	4	5	6	7	8	9	10
D	D	A	B	C	D	B	B	B	A
11	12	13	14	15	16	17	18	19	20
D	C	A	B	D	A	C	C	D	D
21	22	23	24	25	26	27	28	29	30
A	A	C	C	A	A	C	B	B	B
31	32	33	34	35	36	37	38	39	40
A	B	D	A	A	D	C	A	A	C

续表

41	42	43	44	45	46	47	48	49	50
B	B	D	A	C	B	A	A	C	A
51	52	53	54	55	56	57	58	59	60
B	B	A	B	D	A	A	C	B	C

二、多项选择题

1	2	3	4	5	6	7	8	9	10
BCDE	ABC	BCD	ABD	ABC	ABC	ABD	ABC	ABD	ABC

三、填空题

1. 协议、多台计算机、以共享资源为目的；2. 星型结构、环型结构、总线型结构、树型结构、混合型结构；3. 通信、资源；4. 物理层、数据链路层、网络层、传输层、会话层、表示层、应用层；5. 规定标准、语法、语义、交换规则；6. cn；7. 局域网、广域网、城域网；8. 网络地址、主机地址；9. 通信技术；10. 网址；11. 浏览器；12. 信息格式；13. IE；14. 广域网；15. 网络层；16. 商业机构、政府机构、教育机构